◆ 郭庭鸿 蔡贤云 著

U0292998

# 从公园绿地到公共健康
## ——基于小微公园绿地的关联路径研究

中国建筑工业出版社

# 前　言

　　健康是每个人成长和实现幸福生活的基础，公共健康是社会发展的主要目标之一。20 世纪 50 年代以后，世界范围内公共健康的主要问题发生历史性转变。在中国，慢性病已成为影响经济社会发展的重大公共卫生问题。为积极应对包括慢性病在内的当前突出的健康问题，近年来一系列顶层决策将"健康中国"上升为党和国家的战略。2015 年，十八届五中全会提出"推进健康中国建设"的任务要求，指出"健康是促进人的全面发展的必然要求，是国家富强和人民幸福的重要标志"。2016 年，中共中央政治局会议审议通过《"健康中国 2030"规划纲要》，将其作为今后 15 年推进健康中国建设的行动纲领。2017 年，党的十九大做出实施健康中国战略的重大决策部署。2019 年，国务院印发《健康中国行动（2019—2030 年）》等有关文件，实施十年全民疾病预防和健康促进行动。

　　环境与人的健康密切相关。历史上，以公园绿地为主的城市绿地一直被视为改善城市公共健康的重要资源。近几十年，随着工业化、城镇化、人口老龄化进程加快，人居环境、生产生活方式和疾病谱系不断发生变化，相关研究重新引起包括风景园林学在内多个学科的广泛重视。在此过程中，涌现出诸多术语，如恢复性环境、疗愈景观、康复花园等，背景环境多为公园绿地，研究内核多是探究以自然要素为主体的景观环境与人的健康之间的关系，并且均强调接触自然过程中经由积极的心理、生理和行为变化的健康获益。

　　本书立足风景园林学视角，借鉴多学科研究成果，以城市高密度发展背景下的公园绿地与公共健康为主要讨论对象，系统梳理了研究所涉内核议题"自然—健康"的国内外既往研究，指出未来研究的重心有必要从"自然是否影响健康"转向"自然如何影响健康"，以支持基于自然的健康促进的高效落地。以"自然如何影响健康"为问题导向，本书展开了关联路径的模型建构，以小微公园绿地为例的针对其中调节因素的定量研究和调节因素控制方法的理论探索等内容，在此基础上，提出了自然与健康现实关联路径概念模型，实证了小微公园绿地的健康促进作用及其社会分异性，分析了造成健康获益社会分异性的机制和因素，在设计层面提出了"可供性理论 + 循证设计"的调节因素控制方法。本书可为从公园绿地到公共健康的高效转译提供可资参考的理论和方法。

作者长期深耕风景园林健康效益评价研究方向，以博士学位论文为基础，结合高校工作以来的理论研究和工程实践，完成了本书的撰写。在此特别感谢华侨大学董靓教授及其团队、西华大学舒波教授及其团队对本书的指导，感谢"重庆交通大学—招商局生态环保科技有限公司风景园林硕士研究生联合培养基地建设项目（JDLHPYJD2019003）"的资助。

# 目　录

## 第4章 小微公园绿地使用及其需求端影响因素

## 第5章 小微公园绿地使用供给端影响因素

## 第6章　整合可供性模型的循证设计框架

# 第 7 章  总结

# 附录

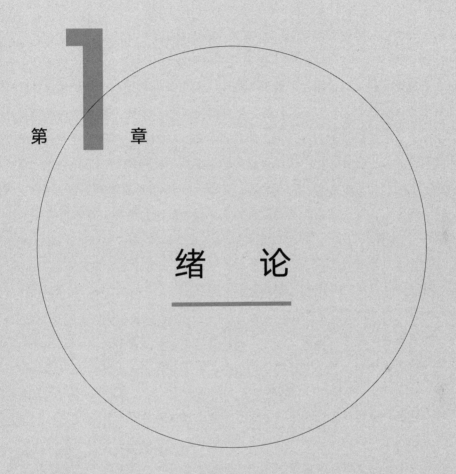

第 1 章

绪　论

# 1.1 研究背景

健康是每个人成长和实现幸福生活的基础，公共健康是社会发展的主要目标之一。20世纪50年代以后，随着医学界对抗生素和疫苗等的研究取得极大进步，世界范围内公共健康的主要问题由传染性疾病转为慢性非传染性疾病（以下简称慢性病）。据《中国防治慢性病中长期规划（2017—2025年）》，慢性病是严重威胁我国居民健康的一类疾病，已成为影响我国经济社会发展的重大公共卫生问题。目前，中国几乎每五人就有一人患有慢性病的一种或几种。为积极应对包括慢性病在内的当前突出健康问题，近年来，一系列顶层决策将"健康中国"上升为党和国家的战略。2015年，十八届五中全会提出"推进健康中国建设"的任务要求，认为"健康是促进人的全面发展的必然要求，是国家富强和人民幸福的重要标志"。2016年，中共中央政治局会议审议通过《"健康中国2030"规划纲要》，将其作为今后15年推进健康中国建设的行动纲领。2017年，党的十九大报告中再次强调"实施健康中国战略"。2019年，国务院印发《健康中国行动（2019—2030年）》等有关文件，实施十年全民疾病预防和健康促进行动。

环境与人的健康密切相关。历史上，以公园绿地为主的城市绿地一直被视为改善城市公共健康的重要资源。例如，霍华德（E. Howard）为应对英国工业化过程中造成的空间拥挤和公共卫生差等问题而提出田园城市模式，奥姆斯特德（F. L. Olmsted）为改良病态化的美国大城市环境而进行中央公园实践。近几十年，随着工业化、城镇化进程加快，人居环境、生产生活方式和疾病谱系不断发生变化，相关研究重新引起包括风景园林学在内的多个学科的广泛重视。此过程涌现诸多术语，如恢复性环境、疗愈景观、康复花园等，背景环境多为公园绿地，研究内核多是探究以自然要素为主体的景观环境与人的健康之间的关系，并且均强调自然体验过程中经由积极的心理、生理和行为变化的健康获益。截至目前，已开展了大量关于"自然是否影响健康"的基础研究，结果显示接触自然有利于缓解压力和精神疲劳、促进社会交往、提升体力，甚至与抑郁症和心脑血管等疾病发病率下降显著相关。

面对新时期公共健康问题，作为基于自然的解决方案（nature-based solutions, NbS）的一种，"基于自然的健康促进"（主要指旨在增加接触自然机会的各类公园绿地建设）可能成为一种新型应对策略。问题在于，随着城市人口和灰色用地持续致密，人们利用自然改善健康的机会不断减少。基于自然的健康促进面临人多地少（城市人口多、绿化用地少）的刚性约束。这一切意味着，"基于自然的健康促进"有现实需求和科学依据，但也面临挑战。

## 1. 高密度城市公共健康问题凸显

当前，大部分城市都在向高密度开发方向转变，高密度生活将成为一种司空见惯的事情。"高密度"一词主要是对城市人口密度和建筑密度的描述，"高密度城市"（high-density city）是一个主观的概念，对于不同的国家和地区、不同的文化背景和个体，其代表着不同的意义。高密度城市的成因很大程度上归于快速推进的城镇化。据世界卫生组织（WHO）2014年的预测，未来30年世界范围内超过70%的人口将居住在城市。改革开放以来，我国城镇化水平以每年一个百分点的速度快速增长，2017年末全国城镇化率超58%。城镇化过程中人口总量和人口密度的迅速增长，使大部分城市被动转向高密度型。除此之外，高密度化现象还与紧凑型城市发展方式密切相关。过去关于"紧凑城市"（compact city）和"松散城市"（sprawled city）的争论中，多数学者认为前者可以促进城市各项资源的高效利用，符合未来城市的发展。然而，这一基于部分西方低密度城市的论断（20世纪50~60年代在城市郊区化的推动下部分西方城市呈分散型低密度发展，由此提出向城市高密度发展的紧凑城市、精明增长策略），并不适用于大部分正在经历集聚型城镇化过程的发展中国家，城市高密度化已经带来了土地、能源、交通、建筑、环境等资源利用上的一系列问题。高密度城市是大部分发展中国家的城市现状，多被视为"城市问题"。与之相关的生活环境、生活方式的急剧变迁，带来了巨大的公共健康威胁。

城市高密度属性中包含了城市各类要素的高密度，如人口高密度、建筑高密度和高强度的开发，以及各类设施和信息的高密度。由于单位空间内容纳的要素多、要素间的间隙空间少，意味着要素相互接触的机会增多、相邻要素的容忍度降低。各类要素间的相互作用极大地改变了人们的生活环境，作用过程中产生的空间拥挤、机械噪声、空气污染、信息刺激等环境压力源呈指数级增长，已经成为城市的常态灾害。不仅如此，高密度城市内部的自然环境往往退化严重，自然环境所提供的生态系统服务随之锐减，其中包括大量有益于健康福祉的生物物理服务和文化服务（后者如休闲游憩、审美体验和精神满足等）。物理、心理上的远离自然，与抑郁、焦虑及心脏病等压力相关疾病的高发显著相关。由此可见，城市高密度化过程中人工要素的聚集和自然环境的退化同时发生，利弊因素的不均衡使生活环境中充满压力且无处释放。此外，城市高密度化还对人们的生活方式具有重要影响，突出表现为"静态化生活方式"（sedentary lifestyle）。所谓静态化生活方式，是对居民缺乏日常体力活动的以静坐为主的生活状态的描述，它是当今城市中多数人的生活写照。

压力过载和缺乏锻炼是当前乃至今后最主要的致病因素。经受压力期间，身体器官会以许多不同的方式做出反应，如果以不当的方式持续较长时间且没有恢复的可能性，这些反应就会演变成机能失调并伴有心血管系统、神经激素系统病变的可能，引起 Ⅱ 型糖尿病、抑郁、感染等。静态化生活方式不仅造成生理健康问题，对于心理健康也有直接或间接的影响。缺乏体力活动是导致超重和肥胖并诱发多种致死疾病的重要原因，由此带来的经济损失已经成为社会的沉重负担。仅中国，2002 年因此造成的经济损失为 211.1 亿元，2007 年则达 509.9 亿元。需要说明的是，以上关于生活环境和生活方式剧变以及与之相伴随的公共健康问题的讨论，仅就大多数高密度城市而言，并不具备绝对意义。

## 2. "自然—健康"议题走向科学实证

古罗马时期就曾记载，"居民将接触自然作为应对城市噪声、拥挤和其他压力源的重要措施"。19 世纪，现代风景园林学的奠基者奥姆斯特德对"自然环境可以使人身心放松"的观点深信不疑，并且认为在城市中引入自然同样可起到镇静和放松的作用。这些朴素经验和先辈洞见，在 20 世纪 80 年代前后的科学研究中逐步得以证实。例如，1984 年发表在《科学》（*Science*）期刊上的一项经典准实验研究巧妙地利用某医院病房的自然窗景和砖墙窗景条件，证实拥有自然窗景的病人的术后住院时间、抱怨次数、消极情绪和止痛药用药剂量等均相对更少。诸如此类小规模实验研究，早期在如情绪反应量表等心理学量表、之后在如动态血压监测仪等生物反馈仪、近期在如功能性磁共振成像技术等脑成像技术的支持下，证实了接触自然对压力紧张或精神疲劳相关的多种消极症状的缓解作用。受此启发并得益于可提取土地覆被数据的技术方法的进步，近年来的大规模横断面研究评估了自然环境与人群健康的关系，结果显示研究区域内自然环境越多人群的体力活动水平越高、社会关系越良好，以及心血管等疾病发病率更低等。

"自然—健康"议题的兴起和持续发展，得益于健康观念和医学模式的进步以及此过程中研究力量的不断加强。如前所述，新时期公共健康的主要问题"慢性病"的发生和流行与诸多因素有关，相关防治所面临的问题更为复杂。面对此类疾病，单纯的生物医学模式已不足以应对，立足于整体健康的生物—心理—社会医学模式应运而生。医学模式的转变实际上反映了健康观念从"病因论"（pathogenesis）向"健康生成论"（salutogenesis）的转变。其中，生成疾病是指恐惧所有可能的致病因素，逐渐割裂与周围环境的联系；生成健康是指能预见和接受人生中现实的挑战，立足于自己可以支配的资源，以最佳的途径改善自己的处境。

健康观念和医学模式的进步，使心理、行为、社会健康等过去常被忽略的健康相关问题得到关注，并催生了一系列强调从环境上游进行健康干预的理论模型。以"健康的决定因素模型"或称"健康的生态模型"为例，其将直接影响健康的个人决定因素置于模型中心，将间接影响健康的人居环境的不同方面以圈层的形式依次列出，最后将整个人居环境置于从根本上所依存的生态系统之中（图1-1）。该模型的重要意义在于，强调人类对自然环境的扰动以及建成环境的开发方式与公共健康紧密相关，主张从自然环境和建成环境入手，通过科学合理的规划设计来促进人与环境的交互，进而自上而下地影响人的活动方式、社会关系以及生活方式等，最终经由心理恢复、社会支持及体力活动等促进公共健康。诸如此类模型及其理念得到多个"人—环境"关系类学科的运用。例如，环境心理学对有利于精神疲劳恢复的环境特征的研究；流行病学对有利于促进体力活动的建成环境的研究；健康地理学从地方感和地方认同等理论出发，对有利于维护健康福祉的特定地方的地理学特点的研究；环境设计领域对有利于促进社会交往的支持性环境的研究。作为一种重要且独特的环境类型，自然环境始终是这些学科的重要研究对象，从而推动了相关研究的持续发展。

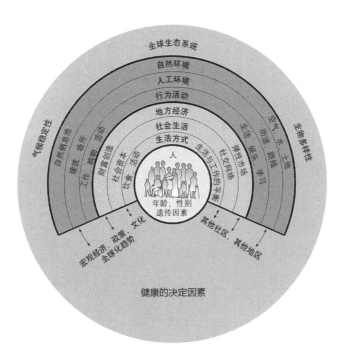

图1-1 健康的决定因素模型
来源：BARTON H, GRANT M. A health map for the local human habitat[J]. The Journal for the Royal Society for the Promotion of Health, 2006, 126(6): 252-253.

## 3. 公园绿地小微化发展趋势明显

城市是人类当前和未来的主要生境，作为城市背景下自然环境的主要载体之一，城市绿地可能成为改善公共健康的重要资源。因为其不仅具备契合新时期公共健康问题特点的健康促进作用，还具备受众广泛、效益多维、成本低廉等一系列相对于传统医疗资源的优势。而在其中，相对于其他属性的绿地，公园绿地不仅承载着多样的自然体验，还是维护公共利益的重要资源，因此备受关注。

当前，世界各地都在不断加大公园绿地的投入和建设。WHO 建议通过增加数量和提高可达性等措施促进公园绿地使用进而改善居民健康。多个西方发达国家城市相继将其作为一项健康保障措施纳入城市规划和医疗卫生政策。然而，对大多数高密度城市来说，面临的公园绿地"增量减距"难度异常之大，尤其是针对城市中心区域大中型公园绿地（如城市级、区域级以及大型社区级公园）的相应行动。城市人口和灰色用地的持续致密，不仅使此类绿地现存部分的人均面积逐渐减少，更使拟增部分的建设实施变得相当困难和昂贵，以至于大多停留在规划层面。在此情况下，大中型公园绿地的边缘化成为一个较为普遍的现象，城市中心区公园绿地的"小微化"（minimization）、"碎片化"（fragmentation）趋势逐渐明显。这些现象和趋势在我国亦不例外，"大量城市由于城市扩张和建设用地限制，中心城区公园数量较多但面积较小、分布较为均匀；而外围城区公园较少，规模一般较大且分布集中，可达性较低"。也就是说，在不可逆的城镇化和高密化趋势下，相对于已经基本定型的大中型公园绿地，可灵活布置于街头巷尾及其他零散空地的"小微公园绿地"成为公园绿地的重要存在形式之一。在高密度城市中，小微公园绿地可能因数量大、分布广、可达性强以及相对易于改造等优势，成为"基于自然的健康促进"的潜力资源。

综上所述，作为应对新时期公共健康问题的可能方案之一，"基于自然的健康促进"面临的主要问题是由城市人口和灰色用地持续致密带来的"人多地少"的刚性约束。在此情况下，从自然到健康这一过程转化效率的提升成为实践应用的当务之急。相关研究的焦点有必要从注重结果的"自然是否影响健康"转向注重过程的"自然如何影响健康"。

本书选择以高密度城市背景下的公园绿地与公共健康为主要讨论对象，试图在述评研究所涉核心议题"自然—健康"既往研究的基础上，以"自然如何影响健康"为问题导向，进行关联路径的定性分析，以及以小微公园绿地为例的、针对其中调节因素的定量研究和调节因素控制方法的探索。其理论和现实意义在于：

（1）是深化"自然—健康"议题的需要，探索自然与健康现实关联路径并对其进行模型构建，有利于为面向实践应用的科学研究提供理论参考；也是促进相关研究多学科交叉协作的需要，探索风景园林规划设计对调节因素的控制作用，有利于发挥其在物质空间干预方面的学科优势。因此，具有一定的理论参考价值。

（2）是适应高密度城市"人多地少"刚性约束的现实选择。面对不断显现的公共健康问题和自然环境的健康效益，以相对切实可行的小微公园绿地为具体对象开展针对调节因素的定量研究，有利于梳理总结出契合高密度城市公共健康问题特点的自然干预的重点。因此，具有一定的实践应用价值。

# 1.2 概念界定

为了更好地起到明确内涵、界定外延和连贯逻辑的作用，这里仅辨析并界定贯穿全书的概念，分别是研究所涉内核议题"自然—健康"中"自然"与"健康"两个基本对象相关概念，以及介于二者之间起联结作用的"自然暴露"相关的概念（图1-2）。具体章节所涉部分均在各章节相应位置予以明确。

图 1-2　概念间关系示意

## 1.2.1 城市自然、公园绿地、小微公园绿地

### 1. 城市自然

关于自然环境（简称"自然"）是社会建构性还是客观存在性概念，人文社科和自然科学界争论已久但始终没有达成共识。研究表明，当评价同一景观环境是否"自然"时，基于卫星数据的客观分级和基于个人认知的主观评价具有较大差异。由此，既可从景观环境的客观表征出发定义自然，也应承认社会文化、个人因素等在其中的作用。人文视角的自然概念常为健康相关研究所讨论，如表示对自然程度主观评价的"感知自然度"与心理恢复之间的关系。但是，相对而言，健康相关研究更多采用自然的客观定义并且多指以绿色植被为主的

自然，不完全涉及自然的全部类型。客观意义上，自然环境通常指由植物、动物等生命元素以及水体、土壤、空气、阳光等非生命元素组成的，具有不同结构、过程、功能和尺度的并且没有明显人类干扰的地理区域，典型如荒野。

就是否包含人类干扰，该领域多数学者并不认同排除人类和人造物的自然概念。因为城市是人类当前以及未来的主要生境，位于城市建成环境中的、以自然要素为主体的、方便居民使用的"城市自然"（urban nature），如各类公园绿地、附属绿地、生态林地等，对于提高居民生活质量、改善城市生态环境及强化城市地域特色等的意义与远离人们日常生活的大型风景名胜区、国家森林公园、自然保护区等无或少人类干扰的自然环境相比更加直接和重要，针对城市自然的研究和实践相对更具现实意义，尽管它们大都经过设计、建造、管理和维护等不同程度的人类干扰。

基于以上分析，本书的研究主要在客观意义的"城市自然"范畴下进行。但由于既往研究所涉研究对象跨度较大，既有城市自然，又有远离公众的田园风光和原始荒野，参考相关研究的做法，本书1.4节相关文献综述和第2章相关理论回顾中的自然环境所指不完全限定于城市自然，因为涉及如何全面地反映该领域的研究进展。

## 2. 公园绿地

一般来说，城市中最主要的自然载体是城市绿地。城市绿地又被称为"城市绿色空间"（urban green space），是指在城市行政区域内以自然植被和人工植被为主要存在形态的用地。城市绿地／城市绿色空间概念的形成历经城市开放空间、城市绿色开放空间、城市绿色空间三个阶段。1877年，英国国家健康协会针对社会化发展导致休闲游憩空间被建筑物占据、学校没有操场、社区没有户外活动广场等现象，首次提出"城市开放空间"，意在通过空间开放来缓解高密化城市生活带来的身心消耗和精神疲惫。在此基础上，"城市绿色开放空间"强调空间的"绿色性"，认为只有当城市开放空间拥有植被和水体等自然要素时才对人们的休闲游憩有真正意义。这一理念推动了公园、廊道、绿带等各种形式的城市绿色开放空间在世界范围内的迅速建成。"城市绿色空间"是对"城市开放空间"和"城市绿色开放空间"概念的简明化，意在与建筑物所形成的城市灰色空间形成鲜明对比。

广义而言，城市绿地包括在城市环境中出现的任何植被，是存在于住宅之外的用于聚会的场所，这些场所为居民提供了相互接触的空间、休闲游憩的机会，为自然界的物种提供了生境，维护了生物多样性。从用地的权属关系来看，城市绿地既可以位于私人住宅的前后院，也可以是向大众开放的公园。由于本书研究的出发点是公共健康，关注城市绿地中的"公园绿地"（public green space），即向公众开放，以游憩为主要功能，兼具生态、景观、文教和应急避险等功能，有一定游憩和服务设施的绿地。

## 3. 小微公园绿地

"小微公园绿地"（small public green space）在本书中是对以上界定的公园绿地中，具有占地面积小、布局灵活、就近服务等特点的一类的统称。此类公园绿地最早可追溯至1963年"纽约新公园展"上由美国第二代现代景观设计师蔡恩（R. Zion）等人提出的"纽约口袋公园网络"（a network of pocket parks in New York）理念。蔡恩在分析了美国城市公园的现状后，提出现存城市公园系统的一个缺陷是与商业和办公区人口大量集中现状下人们对公园的迫切需求之间存在较大的差距；同时对都市人生活方式进行调查，如上班族如何度过他们的午餐时间，商业区里疲乏的购物者可以在哪里稍事休息等，结果显示很少有方便可及的、专门为满足上班族和购物者的特殊需求而设计的公园。而以往美国公园管理部门对公园的面积至少不应小于1.2hm²（3英亩）的认识，又严重限制了城市中心区公园的发展。这样的面积要求在人口密度高、土地资源稀缺的城市中心几乎是不可能实现的。这个错误的认识，使城市公园的发展陷入僵局，限制了城市中心区公园的建设。针对上述问题，蔡恩设想以口袋公园为单元，形成可达性强、体系化分布的小型公园网络，方便市民就近体验自然并由此改善静态、充满压力的城市生活。1967年，由其主持设计的佩里公园（Paley Park），作为世界上第一个口袋公园在美国纽约面世并由此成为世界各地小微公园绿地建设的蓝本。该公园占地面积约390m²，园中谨慎地使用了跌水、树阵、轻巧的园林小品和简洁的空间组织，为喧哗的都市生活提供了一处安静的绿洲（图1-3）。可以说，口袋公园是为解决高密度城市人们对休憩环境的需求而产生的，其能有效适应复杂的高密度环境，并填补大、中型公园缺位所产生的服务盲区。

虽然蔡恩的口袋公园理念没有成为之后城市公园绿地开发建设的主导模式，但大部分国家和地区将其作为重要组成部分，如西方城市中经常出现的口袋公园、袖珍公园、迷你公园等，我国《城市绿地分类标准》CJJ/T 85—2017公园绿地大类中的游园，以及本书案例城市成都在《成都市城市总体规划（2016—2035）》（公众意见征集稿）中提出的小游园、微绿地等。

综上所述，在本书中，城市自然、公园绿地、小微公园绿地依次为包含关系，它们均是城市环境背景下以自然要素为主体的景观环境。

图 1-3    佩里公园

来源：The Cultural Landscape Foundation. Paley park[EB/OL]. (2012-10-06) [2022-02-21] https://www.tclf.org/landscapes/paley-park?destination=search-results.

## 1.2.2 公共健康、心理恢复、体力活动、社会凝聚

### 1. 公共健康

在厘定公共健康概念之前，有必要先明确健康的内涵。"健康"（health）常被狭义地理解为身体器质性的健康，而忽视心理健康和社会适应性健康。其实，随着历史上医学模式的几次转变，公认的健康概念已发生重大变化。特别是"生物医学模式"向"生物—心理—社会医学模式"转变之际，心理行为学和社会学的研究成果使人们对健康的认识不再局限于生理学范畴，心理、社会等因素与人类健康的相关性引起了广泛关注。1946 年，世界卫生大会通过的《世界卫生组织宪章》对健康做出了全面的定义："健康是身体、精神与社会等方面整体的良好状态，而不仅仅是没有疾病或者不虚弱"，涉及生理、精神、情感、智力、环境、社会、经济与职业等多个维度。这一简明定义从积极的视角明确了健康的多维特征，极大地丰富了健康的内涵和外延。与健康相关的一个概念是"福祉"（wellbeing）。据《千年生态系统评估报告》，福祉除了包括身心健康以外，还包括满足基本物质需求，安全、良好的社会关系，以及个人选择和行动的自由。可见，健康是福祉的重要组成部分，福祉可被看作广

义的健康，二者经常连用为"健康福祉"（health and wellbeing）。

"公共健康"（public health）也被称为公众健康，凡是与公众相关的健康问题都可以理解为公共健康问题。与一般健康概念相比，公共健康具有四个主要特点：①重视"公众"和人口的健康，强调群体性健康而不是个人的健康。如对于一个高血压病患，通常提出的问题是"为什么这位患者在这一时候患了这种疾病"，而从公共健康角度，则提出不同的问题"为什么这些人口会患高血压，而这种疾病在另一些人口中却很少见"。这是两种探讨发病原因的方法，一种力图解释一个人发病的原因，而另一种则寻求发病率的原因。②以"预防"为主，其基本原则是为了群体健康对于疾病的预防，而不是针对每一个患者的治疗和康复。③涵盖范围大，包括所有与公共健康相关的问题，而不仅是指医疗保健制度、医院与医生、医生与患者的关系等。④是一种社会产品，它的促进是一种群体性行为，必须通过社会的力量来实现。

由于多数情况下接触自然并不能直接消除疾病，更可能是通过促进心理恢复等间接地维护和提升健康质量，本书侧重于生物—心理—社会医学模式强调的整体健康含义并且专指公共健康，同时将其明确为结局性概念而非与之相关的中介效益（如心理恢复）。另需说明的是，理论而言，"自然—健康"议题还应讨论自然的健康与人的健康之间的关系，因为前者是后者的基础与支持。但是，事实上目前对相关问题的研究很少，如生物多样性、地域景观对生态完整性和环境的恢复至关重要，但在多大程度上生态健康的这些方面能够促进人的健康是很难确定的。因此，本书中的健康明确指向人的健康。

## 2. 心理恢复、体力活动、社会凝聚

心理恢复、体力活动、社会凝聚是自然—健康关系体中健康端相关概念，它们是从接触自然到健康改善的中介效益。其中，"心理恢复"（psychological restoration）指由心理反应主导的，个体在持续努力满足各种适应性需求过程中不断下降的生理、心理和社会资源等的更新、复原或重建过程，重点关注"压力"和"精神疲劳"的恢复。其中，压力可被理解为个体感知到所处情境的需求与其生理、心理或社会资源不相匹配造成的身心紧张状态，精神疲劳指持续运用定向注意过程中导致的精神疲劳状态。有关自然减压的研究主要考察情绪状态、压力感知、主观偏好等心理指标，血压、心率和心率变异性、皮肤导电性、唾液皮质醇等生理指标；有关自然环境促进精神疲劳恢复的研究主要考察定向注意有关的专注力、记忆力和认知力。

"体力活动"（physical activity），指任何由骨骼肌收缩引起的导致能量消耗的身体运动，按行为目的不同，公共健康领域一般将体力活动分为家务相关行为、工作相关行为、休闲游

憩相关行为和交通相关行为。自然环境中发生的体力活动可被形象地称为"绿色运动"（green exercise），意在反映自然环境和体力活动各自以及彼此协同对健康的多重贡献。

"社会凝聚"（social cohesion），指不同个体拥有共同的社会规范和价值观念，具有积极友好的关系以及被接纳感和归属感。在公共健康领域，社会凝聚经常与社会资本、社会支持、社区感等词混用。本书之所以采用"社会凝聚"，是因为它描述的是一种群体特征而非个体特征。相对于强调个体通过自身人际关系获取所需资源的"社会资本"，其可能更易受周围环境（如住区绿地）的影响。

## 1.2.3 自然暴露、自然体验、自然偏好

### 1. 自然暴露

"暴露"（exposure）是一个流行病学术语，泛指研究对象接触某种欲研究的因素。相应地，"自然暴露"（nature exposure）泛指人接触自然环境或以自然为内核的景观环境，是人从自然环境获益的主要途径。自然暴露的表现形式多种多样，一般可从暴露强度、频率、时间等方面进行界定，具体研究中还涉及暴露所依托的环境类型及其空间尺度等（图1-4）。

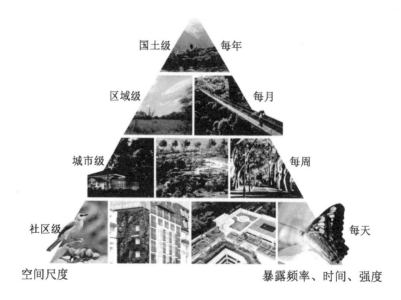

图1-4　自然暴露示意
来源：Eisenman T S. Greening cities in an urbanizing age: the human health bases in the nineteenth and early twenty-first centuries[J]. Change Over Time, 2016, 6(2): 216-246.

本书中自然暴露具体指联结自然与健康的中间环节,可被通俗地理解为"接触自然"或"使用自然",并且后两者根据文中语境的不同既可用作名词(如自然接触),也可用作动词(如接触自然)。需要明确的是,自然暴露联结自然与健康的过程既可以是积极的也可以是消极的(如接触具有威胁性的动植物),自然暴露的消极效益不在本书讨论之列。

## 2. 自然体验

"体验"(experience)可被理解为难忘的个人感受或身心状态。"自然体验"(nature experience),如公园绿地体验,很大程度上是个人的,是在人的感觉、情感、情绪、思想、态度、偏好、理解、过往经历和反思等与自然环境的物质属性的交互过程中被塑造的。也就是说,体验的形成过程为"以身体之、以心验之",通过身体来感知环境,当同等的生命力量反馈回来时,就会直接震撼人的心灵。自然体验强调对环境质量的主观感知评价,然而它描述的既不是纯粹的主观性,也不是一成不变的,个体对自然环境的体验发生于内心并在其与社会和环境之间长期交换。因此,一处给定的环境很有可能会因人的不同而被不同地体验,同时也正是经由多方面的体验,自然环境获得了其微妙的意义和多方面价值,使它们从简单的环境变成有意义的"地方"。

环境心理学领域一般从体验客体和体验主体两方面研究自然体验。体验客体方面,人们探寻不同类型的体验可能需要不同的环境属性来满足,同时环境属性可能会因如何被人感知和体验而被赋予一定的特征,由此自然环境的体验质量可被划分为不同的"感知属性"(perceived sensory dimensions)。有关自然环境感知属性的研究历来都受到重视,早期研究发现具有瞭望和庇护属性的自然环境更受人的偏好,近期研究显示城市公园的感知属性包括平静、自然、物种多样、庇护、文化、瞭望和社会等方面,且不同人群对它们的喜好程度具有较大差异。体验主体方面,研究更加关注人与自然互动过程中内在的心理生理活动,如情绪、偏好、认知、态度等。本书的重点之一是论述自然与健康的关联过程,因此偏重于体验主体层面的自然体验,即自然暴露过程中人对自然环境的主观感知和评价,如偏好体验、恢复性体验等,被视为产生健康结局的前置状态。

## 3. 自然偏好

楚贝(E. H. Zube)等在研究"环境知觉"(environment perception)时指出,环境知觉是个人获得环境体验的重要方式,观赏者通过视觉、听觉、触觉及其他感官接受环境信息，并产生认知、情感、意义、评价等一系列的心理反应。"环境偏好"（environment preference）即为这一系列人与环境交互作用下产生的一种主观心理判断。因此，环境偏好可理解为个人面对各种景观环境时的表现，其中涉及多种认知唤醒与情感效应的过程；它是一种评价，一种表示喜好程度的态度且这种态度常常反应在行为选择上，而人们的环境偏好与环境提供的信息、个人的认知与情感等是紧密相关的。研究显示，人类具有普遍的"自然偏好"（nature preference）倾向。乌尔里希（R. S. Ulrich）曾指出相对于建筑或人工环境，人类较偏好自然环境；大量研究证实环境偏好与自然要素相关，且可预测人类偏好的环境是较自然及具有丰富生命的地方。卡普兰（R. Kaplan）等认为人类不仅被一致的事物和空间所影响，他们也依照其潜在的能力和信念做出反应。换言之，环境知觉建立后，环境偏好也形成，且环境偏好涉及人类的正面与负面的评价、感觉，或是对环境的态度。知觉与偏好的差异主要为：知觉仅是对事物或景物的感受，而非做出喜好判断的决定，即人类对周遭事物进行评价（如偏好）前，必须感受到（如知觉）真实的物体结构所传达的信息。

　　综上所述，在本书中，自然暴露、自然体验、自然偏好之间的关系为：自然暴露指人对自然环境的物理接触，可被通俗理解为接触自然或使用自然，自然暴露过程中产生内在的自然体验，自然偏好是一种深度且较为普遍的自然体验。研究显示，人类偏好自然的重要原因之一是其提供了心理恢复的机会。

# 1.3 发展历程

　　无论过去还是现在，几乎人人都有从自然环境获益的经历。诗人、作家、哲人、艺术家等历来认为接触自然对人的身体、心理和灵魂裨益诸多。例如，梭罗（H. D. Thoreau）说："自然是健康的别名"。然而，人们对自然与健康关系的认知从无到有、从经验常识走向科学实证经历了漫长的历史进程。这一过程与不同时代、不同地域的社会发展、经济技术以及意识形态等紧密相关。

　　运用自然环境促进人的健康并不是现代才有的，可追溯至众多古文明。古代波斯、希腊、罗马和中国等都有一个共同的信念，即认为接触植物、水体以及其他自然元素可以缓解压力并为人们带来益处。不仅如此，不同地域和社会历史背景的人们都对此进行过长期的实践。具有代表性的如中国古典园林对道教"天人合一、道法自然"的自然观和"清静无为、修性怡神"的养生理论的吸纳和反映，以及在隐逸思想影响下文人名士为寄情山水、修身养性而建的文人园林等，古希腊人将睡眠花园作为医院患者的处方，罗马的部队医院将花园与开阔空间整合以促进病人康复，日本枯山水庭院对禅宗"净、空、无"的极致追求以寻求心理慰藉，以及西亚的伊斯兰园林中的虔修花园等。可见，人们对自然与健康关系的最初认知来源于生活实践。

中世纪时期（4~16世纪），作为西方的宗教医院，修道院在依托宗教力量对病患进行精神治疗的同时，还专门设置了能让病人充分感受阳光、空气、花草树木等的花园，成为那一漫长时期内应对瘟疫等死亡威胁的主要措施。"修道院花园"（monastic garden）的重要价值在于带来精神和心理上的健康，强调运用绿色植物和户外空间保持人们对宗教的忠诚以及善良的品性等。修道院开放回廊式庭院中，交叉相连的道路、中心水景、药草园、厨房庭院和医务花园象征着伊甸园的"四分园"，主要目的在于洗净病人的灵魂，最高理想是对上帝的虔诚。中世纪英国流行的草坪迷宫，把草坪栽种成迷宫的样式，人们在曲折回环里祈祷、反省或得到心灵的慰藉，是耶稣基督给予的"阿里阿德涅之线"。据马库斯（C. C. Marcus）等人的文献考证，修道院花园是世界上第一个专门为病人提供治疗的花园，后来有关医疗花园的诸多研究都将其视为"原型"。国内学者指出我国的医疗花园原型可追溯至公元717年的"悲田坊"。

不同于先前小规模实践应用，19世纪30年代，在当地第一次暴发大规模霍乱（肆虐431个城市，3万人因此丧生）后，英国公共步道特别委员会敦促国会颁布了一项法律，要求每个城镇必须建设向公众开放使用的公园以改善城市居民的健康状况，并由此开启了"城市公园运动"（the urban parks movement）。这一时期，为改善工业地区过分拥挤、空气和水源受到污染的居住环境而建设的伯肯黑德公园、维多利亚公园等相继问世。公园建设的初衷，不仅是为了减少霍乱、伤寒和肺结核等流行病对工业劳动力人口的影响，还在于防止疾病向其他的区域蔓延。据记载，伦敦东部地区的一个公园可使当地每年死亡人数减少数千人并且可使人口寿命延长若干年。尽管这一时期的公园建设更加强调生理健康的改善和疾病的预防，但其也被认为在促进居民心理健康和社会和谐方面发挥了重要作用。

受欧洲城市旨在改善居民健康、提高社会福利和社会道德的城市公园建设的启发，19世纪末，以奥姆斯特德为代表的一批北美绿色都市主义实践先锋尝试将健康环境的创造推广至整个城市层面。他们致力于绿地设计以及绿色开放空间体系的架构，为当时处于空间拥挤、心理压抑以及公共卫生差的市民提供健康修复的解决途径。奥姆斯特德认为，"自然环境可以使精神免于疲劳甚至会锻炼它，使之镇静并充满活力，乃至从精神到身体重新振作整个人体系统"。以此为规划设计理念，他们的系列城市公园和城市林荫大道项目，典型代表如纽约中央公园（图1-5），不仅对当时的城市美化运动产生重要影响，而且对今天的城市公园

图 1-5　纽约中央公园
来源：EISENMAN T S. Greening cities in an urbanizing age: the human health bases in the nineteenth and early twenty-first centuries[J]. Change Over Time, 2016, 6 (2): 216-246.

和城市设计仍具有广泛影响。可以说，由奥姆斯特德等人推动的美国公园发展是试图解决工业化和城镇化造成的不平衡的一种尝试，从一开始就与解决城市公共健康问题密切结合。

然而，20 世纪 50 年代以后，随着医疗科技的发展，自然环境的健康价值逐渐被弱化甚至一度被忽视，应用于医疗场所的医疗花园逐渐消失，城市公园建设也逐渐失去了改善健康的出发点。直至 20 世纪 80 年代前后，该议题重新得到重视（原因见上文研究背景）。不同于以往基于生活经验和个人直觉形成的主观认知，这一时期随着社会学、心理学等"软科学"和自然科学、技术科学为代表的"硬科学"方法的介入，多个学科领域开始借助定性定量的研究方法对"自然是否、为何影响健康"进行了科学论证和理论建构。本书关于"自然是否影响健康"的文献述评在本章国内外研究现状体现，关于"自然为何影响健康"的理论回顾安排在下一章，它们在本书中均属于对既往研究的回顾。

## 1.4 自然是否影响健康——相关文献综述

事实上，作为一个新兴前沿领域，目前"自然—健康"议题相关研究在西方学界更受重视。近 40 年，西方学者在该领域开展了持续而深入的研究。其间，涉及环境心理学、流行病学、健康地理学、生态心理学、园艺疗法学等多个学科领域；运用了观察、访谈、调查及实验等研究方法；同时取得了重要进展，如环境心理学领域通过小规模实验类研究确立了自然环境与短期健康获益的因果关系，流行病学领域通过大规模横断面研究建立了自然环境与长期健康获益间的相关关系。

由于健康地理学后期转向研究社会文化环境对健康的影响，生态心理学更加关注"环境—行为"关系的基础理论，园艺疗法学强调专业人员辅助下园艺操作活动对身心的益处，致力于揭示自然环境本身健康效益的环境心理学和流行病学相关研究逐渐成为该领域的主流。因此，这里重点回顾环境心理学和流行病学领域相关研究并以此作为后续讨论的重点，简要介绍其他领域相关研究。此外，鉴于该领域文献数量飞速增长，加上跨越多个学科、杂志和子议题，本书采用叙述性综述方法，以多项综述论文为基础，力图刻画该领域综合全景。

# 1.4.1 环境心理学领域

## 1. 研究概述

环境心理学作为一门研究人与其所处物理环境交互关系的学科，相对较早介入"自然—健康"议题。相关研究主要由以卡普兰夫妇为主和以乌尔里希为主的两个学术团队发起并引领。这两个学术团队在不同的理论框架内，基于小规模被试人群，采用实验（准实验）等严格的研究设计，较为一致地揭示了自然环境对心理恢复的作用。其中，卡普兰团队从认知视角研究了自然暴露期间精神疲劳的恢复并提出注意力恢复理论来解释此现象，乌尔里希团队从进化视角研究了压力相关的情绪状态、生理反应的积极变化，同时亦提出了相应的理论解释自然减压的原理。后续有关自然环境与心理恢复的研究大多在卡普兰和乌尔里希研究范式下进行。

### 1）认知视角相关研究

源起于 20 世纪 70~80 年代卡普兰及其合作者基于一项周期为 2 周的荒野生存训练，用超过 10 年的时间对荒野体验的情绪和认知影响的持续跟踪研究。他们的系列研究成果表明，相对于对照组，训练前后参与者的积极情绪、自信心、独立能力、自我评价和户外生存技能都有显著的提升。以这一系列严格的研究为基础，卡普兰夫妇提出了"恢复性环境"（restorative environment）概念并构建了"注意力恢复理论"（attention restorative theory, ART），详见本书 2.1.1 节注意力恢复理论。他们认为现代城市生活中许多日常活动需要支配"定向注意"（directed attention），支配定向注意期间人们需要付出大量努力来抑制其他竞争性刺激或想法才能保持注意力集中。当定向注意持续较长时间，这种抑制能力便会变弱至消失同时定向注意能力也会退化，继而导致"精神疲劳"（mental fatigue）。精神疲劳可产生应激性降低、没有能力做计划、对人际关系信息的敏感性降低、认知作业错误率上升等诸多负面作用。

包括城市自然在内的大部分自然环境之所以能成为恢复性环境，是因为此类环境通常包含了有利于精神疲劳恢复的环境特征（吸引性、远离性、丰富性和相容性）。不难看出，卡普兰夫妇定义的"恢复"专指与定向注意损耗有关的精神疲劳恢复。对此，另一重要学者哈蒂格（T. Hartig）认为研究过于局限，没有完全包含自然对健康的影响。他们进一步将"恢复"阐述为个体在努力满足各种适应性需求的过程中不断下降的生理、心理和社会能力等的更新、复原或重建过程，而不仅仅是精神疲劳恢复。

### 2）进化视角相关研究

在有关自然环境与心理恢复的科学研究和理论建构上，乌尔里希及其合作者也做出了重要贡献。乌尔里希于 1983 年提出了"减压理论"（stress reduction theory, SRT）（详见本书 2.1.2 节减压理论）。该理论虽与卡普兰的理论有几分相似，但在关键部分明显不同：首先，其假设人对自然环境的初始反应是由自然环境的总体结构属性（如视觉复杂性）引起的深层次的自主情感反应（affective response），而非涉及意识处理的认知反应；其次，其更为关注由压力情境引起的情绪和生理反应，而不是日常活动中损耗的定向注意；最后，其认为恢复性来源于唤醒水平的降低而非定向注意的补充，自然环境提供的较为柔和的环境刺激可以引发积极情绪并阻止消极情绪，而这种效益与神经生理唤醒的降低有关。基于以上理论假设，乌尔里希及其团队开展了大量有关自然暴露期间情绪和生理反应的研究。例如，在严格控制的实验环境中对比自然环境与人工环境，对情绪、心跳、血液流量、血压、呼吸速率、脑电波或肌电值等的不同作用，并证实自然环境可以相对更快地促进这些指标的恢复。在此基础上，他们进一步提炼出减压环境的特点，包括适当的深度、复杂性、一定的总体结构和特定聚焦点，有足够的植物、水体等自然元素，无危险物存在。另外值得一提的是，乌尔里希于 1984 年发表在《科学》（Science）期刊上的一项研究引起了人们对医疗场所户外环境的广泛关注，其证实医院病房的自然窗景可以明显地提升病人的术后恢复速度。马库斯等使用"医疗花园"（healing garden）一词特指对病人、家属及医护人员等的压力缓解及其他方面有益处的，具有共同且倾向一致的各种造园特点的医院花园或景观设施。目前，作为一类功能性专类景观，医疗花园大量存在于西方各类医疗场所之中。

## 2. 研究方法

卡普兰和乌尔里希研究之前，大量在野外或城市开展的自然休闲研究就曾一致显示心理恢复如压力减小是被调查者口头表达的主要效益之一。然而，休闲活动往往是复杂的，除了接触自然可能带来心理恢复，休闲期间发生的体力活动等其他因素也可能起作用。其中的大部分研究，一方面没能把自然本身的贡献单独剥离出来，另一方面仅凭被试的自陈报告不足以证明自然环境对心理恢复的作用。由此，卡普兰夫妇、乌尔里希及其后继研究者主要通过实验方法将暴露因素限定于自然环境，以减压理论（SRT）和注意力恢复理论（ART）为研究假设，采用多种指标检测技术，从多种类型的自然环境以及多方面的生理心理反应证明自然本身与心理恢复的关系。

（1）限定方式包括在严格控制的实验室中观看图片、视频等虚拟环境，观看真实的窗景，或以相同的方式进行现场刺激（如缓慢穿行或静坐）；

（2）环境对象涉及城市自然、乡村自然、原始荒野等不同程度的自然环境和与之相对的人工环境；

（3）心理恢复涉及 SRT 相关的情绪状态和生理活动，以及 ART 相关的认知能力；

（4）实验分组上一般采用随机分组的方式，比较接受自然刺激的实验组与接受人工环境刺激的对照组在接受刺激前后的生理心理指标，以证明自然环境的绝对健康效益和相对健康效益。这里需要指明的是，此类研究中实验组所涉"自然环境"多为以绿色植被为主的无威胁的自然，鲜少涉及具有威胁性的自然；对照组所涉"人工环境"多为缺乏植被的平淡无奇的灰色城市环境，历史、宗教、文化等可能具有心理恢复功效的环境一般不作为对照环境。

由于此类研究设计的特点主要表现为：被试规模较小（一般为几十至百人左右）、实验周期较短（一般为数分钟、数小时至数天）、严格程度不同（如现场实验很难完全控制其他干扰因素），本书后续论述中称其为"小规模实验类研究"，其所证实的健康效益被称为"短期健康获益"。

## 3. 研究进展

小规模实验类研究流程一般为"选择环境对象—选定被试人群—进行预处理—进行分组刺激—测评健康效益"。分别从这 5 个环节来看，环境心理学领域关于自然环境与心理恢复的研究具有如下发展趋势。

### 1）环境对象方面

随着研究的深入，环境对象的细化程度不断提高：从环境大类层级自然与人工环境的对比，到自然子类层级自然与人工环境的对比，再到自然要素层级自然与人工环境的对比。

（1）环境大类层级自然与人工环境的对比：较早用实验方法研究自然环境心理恢复效益的是乌尔里希等人。他们基于自然环境与人工环境的系列对照研究，证明了前者的效益相对更高。例如，以因期末考试而有压力的在校大学生为被试，在实验室中采用彩色幻灯片刺激方式，研究了以绿色植被为主的城市公园与缺乏绿色植被的城市商业和工业区的效益差异，"情绪反应量表"（ZIPERS）评价结果显示，自然组相对城市组的积极情绪水平更高、恐惧感和悲伤感更少。有学者在此基础上进一步加入植被较多、植被较少的相似城市场景对比，结果基本同上。乌尔里希等在上述研究范式下以无压力人群为被试，结果显示自然环境相对更能维持注意力和提升情绪状态，并且以上口头测试结果与脑部 α 波记录有广泛的一致性，更高水平的 α 脑波说明个体在自然暴露期间处于低唤醒、放松状态。另一重要的真实窗景研究利用某医院的不同窗景条件（一侧病房面对普通砖墙，另一侧病房窗户面对一片小树林），对 10 年间随机入住的胆囊手术患者的住院记录进行了调查。通过比较 23 对不同窗景患者的术后住院时间，住院期间的抱怨次数、负面评价和止痛药剂量等，发现相对于砖墙窗景组，自然窗景组在上述观察指标上都有显著的优势。此外，其他学者关于监狱自然窗景、牙科诊所风景壁画等的研究，也为此提供了一定的证据支持。

如果说上述研究的目的在于证明自然本身的效益和相对人工环境更优的效益，那么，此后则趋向于探究上述结论在自然子类和自然要素层级是否仍能成立，以及不同自然子类之间或自然要素之间的效益差异。

（2）自然子类层级自然与人工环境的对比：此类研究一是证明了自然子类的效益普遍高于人工环境，二是自然子类间的效益可能存在差异。例如，帕森斯（R. Parsons）等利用视频模拟了分别穿过树林道路、高尔夫球场旁道路、低层住区道路和市中心道路的情形，发现树林组和球场组的血压、皮电、面部肌电等指标的变化普遍好于住区组和城市组。乌尔里希等比较了植物环境、有水的植物环境、低密度城市交通、高密度城市交通、人少的商场、人多的商场，发现在自然环境中被试表现出更低的恐惧和愤怒感、更高的积极情绪和注意力、更快更全面的恢复、更大的减压和心跳减速，上述变化在有水或没水的自然环境没有显著区别，购物环境的恢复性弱于交通环境。张俊彦（Chang Chun Yen）等发现城市绿地、乡村环境、自然林地均能促进注意力恢复并且它们之间的效益存在一定差异。另外，多项针对城市住区或工作场所绿化的研究表明，绿化水平与心理恢复呈正相关性。例如，弗朗西丝·郭（Frances E.Kuo）等将住区公共空间的绿化水平划分为 5 级，发现绿化水平越高的住区居民的社交联系和安全感越高、侵略行为和犯罪率越低，在处理日常事务方面的精力更加充沛并对事情总是充满了希望。泰勒（A. F. Taylor）等以居住在同一社区的儿童为被试（住房条件和人口特征相似，仅在住房窗景上明显不同），利用相关量表随机检查了 12 个拥有不同窗景儿童的专注力、冲动抑制力和诱惑抵抗力，发现窗景自然程度越高对应儿童的上述能力越强。还有研究将工作场所绿化水平划分为 4 级，发现所处工作场所绿化水平相对更高的员工表达了更多的舒适、愉悦和幸福感以及更低的压力感。姜斌等通过描绘城市住区街道"树木覆盖密度"

与压力恢复之间的"剂量—效应曲线"（dose-response curve），发现男性被试的压力恢复水平会随着树木覆盖密度从几乎为 0 的初始值增加而增加，直至介于 24%~34% 时趋于稳定，而女性被试的压力恢复与树木覆盖密度之间不具有显著关系。他们认为这并不意味着接触自然对女性没有影响，还需要通过在实验中延长接触自然的时间或采用其他方式诱发压力等进一步确认。

（3）自然要素层级自然与人工环境的对比：近期有研究关注具体自然要素的心理恢复效益，但数量相对较少。其中，洛尔（V. I. Lohr）等报告了同一城市场景有无树木和有树木情形下不同树冠形状（散形、圆形、锥形）树木的效益差异，发现相对于无树场景，被试观看有树场景时偏好水平更高、血压值更低、情绪更为积极；相对于圆形树和锥形树场景，被试更为偏好散形树并且血压值更低、情绪更为积极。另需特别提及的是，努德（H. Nordh）等人在证明小微公园绿地（口袋公园）心理恢复效益的基础上，为了进一步探明不同环境要素的重要程度，选用面积小于 3000m² 的口袋公园并以相同的方式提取照片作为刺激，先后采用"照片定量"（photo quantification）、"眼动追踪"（eye tracking）、"联合分析"（conjoint analysis) 技术开展了系列研究。以照片定量研究为例，他们发现在所有检查的环境要素中（包括硬质地面、草坪、地被、开花植物、灌木、乔木、水体、场地规模），可以显著预测心理恢复效益的依次是草坪覆盖率、乔木和灌木的绿视率。斯蒂格斯多特（U. K. Stigsdotter）等人针对小微公园绿地改造前后的现场实验表明，可以显著提升其心理恢复效益的是阳光、荫凉、植被、地形变化等要素，尤其是地形变化的作用最为明显。

**2）被试人群方面**

在校学生是最常见的被试人群，原因可能是他们更容易被招募为研究志愿者。另外，由于自然环境的心理恢复效益主要集中在缓解压力和精神疲劳方面，压力人群、精神疲劳人群也常被作为被试。医院的患者、患者家属和医务人员也是研究的重点人群，不过在医疗环境中开展研究较为困难，各大医院对病人信息都有严格的保密规定，不同医疗机构的员工、环境及患者也不尽相同，实验操作还可能干扰医疗过程。

**3）预处理方面**

既往研究大都进行了实验预处理，即在被试接受目标刺激之前测评相应的健康指标。其中，主要利用生物反馈仪测评客观生理指标，如血压、血流量、皮肤导电性、唾液皮质醇水平等；利用心理学量表测评被试的主观感受，如测量情绪的情绪反应量表（ZIPERS）、测量注意力的数字广度测验法（DST）、持续注意响应测验（SART）。还有运用功能性磁共振成像（functional MRI，fMRI）、正电子断层扫描（PET）和脑电图（EEG）等脑成像技术观察人的脑部活动。

如果上述指标不够理想，研究者一般会在征得被试同意的情况下借助各种措施创造实验前提，如让被试完成相关考试题的测验、文字校对工作、观看道路交通事故或杂乱工作场地的录像资料等。压力诱发方面，通过模拟面试情景引发被试的压力反应的特里尔社会应激测试（TSST）被广泛用于实验研究。

#### 4）分组刺激方面

主要有现场刺激和模拟刺激。现场刺激是直接让随机分组的被试接触自然（如观看或穿行于公园、花园、林地）或人工环境，具有较高的生态效度（ecological validity）。鲍勒（D. E. Bowler）等认为这种方式存在很多不可控制的因素，如无法控制被试接触自然的时间长短、当时的天气、被试在实验中进行与实验无关的其他活动等，这些都可能对结果造成影响，从而无法得知是哪些因素在产生作用。模拟刺激指让被试在严格控制的实验室中观看幻灯片、视频等虚拟场景。这种刺激方式虽然能够对其他可能混淆的因素进行有效控制，但是由于很难模拟嗅觉、触觉等方面的刺激，进而有可能降低研究结果的外部生态效度。有研究比较了现场刺激和模拟刺激的最终效果，发现两者并没有显著的统计学差异，说明模拟刺激可能是一种有效的评价方式。

#### 5）健康效益方面

主要检验情绪状态、生理活动、认知功能等一方面或几方面的变化。该环节一般采用前后测设计（pre-post test）检验被试的恢复状况，采用心理学量表、生物反馈仪等评价恢复水平。

（1）情绪状态：情绪是人对客观事物态度的一种反映，是与生俱来的。情绪状态的积极变化被认为是压力减小的关键因素，个体在接触大部分无威胁的自然环境时，会从消极情绪（如愤怒、悲哀、恐惧等）转换为积极情绪（如愉悦、满意等）。研究表明，观看以绿色植被为主的自然环境能在 10~15min 内产生积极的情绪状态。有国内学者将其解读为个体对减压环境的情绪反应可能慢于生理反应，然而其忽略了情绪反应出现于压力恢复的各个阶段的可能性，而即时的情绪反应是很难准确捕捉的。科尔佩拉（K. M. Korpela）等发现被试观看自然图片后对高兴的再认速度更快，观看城市图片后对生气的再认速度更快。希耶塔宁（J. K. Hietanen）等发现在消极情境下人们对生气面孔的反应时更短，而在积极情境下人们对高兴面孔的反应时更短，但是与以中等恢复或偏好情境作为启动刺激的反应时相比，只有消极情境更易于生气面部的再认。由这些研究得出的结论可能是，自然环境提高积极情绪而城市环境增加消极情绪。

（2）生理活动：主要指压力引发"交感神经—肾上腺髓质轴"和"下丘脑—垂体—肾上腺皮质轴"的相应活动带来的生理变化。前者会激活个体的"或战或逃反应"（fight-or-flight response）并触发肾上腺髓质腺体产生肾上腺素和去甲肾上腺素，这会导致血压升高、心率加快、出汗，并会对周边血管产生抑制；后者通过大脑皮质给下丘脑传递信息，进而激活促肾上腺皮质激素释放因子，导致皮质醇（cortisol）等"压力激素"被释放到血液中。正因如此，血压、血流量、皮肤导电性、唾液皮质醇水平等成为检测压力生理影响的主要指标。研究发现，观看 5min 的自然场景即有生理唤醒。哈蒂格等没有发现在自然或者城市环境中散步 10min 后的血压或心率的显著差异，说明生理唤醒可能在很短时间内就能发生，而在更长时间里这种效应可能会慢慢消失。鲍勒等针对 25 项现场研究的元分析表明，相对于城市环境，接触自然确实对情绪和注意力有显著改善作用，但是生理指标没有明显变化，进一步验证了生理反应快速消失的可能性。

（3）认知功能：主要源于注意力恢复理论关于注意疲劳的假设，其恢复目的是尽量延长或保持个体的定向注意，以产生更高的工作效率和专注度。尽管部分研究表明定向注意的下降是压力的消极效应之一，但是在没有压力的情况下，个体也可以利用自然环境补充定向注意。也就是说，在某些情况下定向注意恢复并不是压力恢复的伴随物。例如，斯特里夫（S. Strife）等发现在高度绿化的学校操场活动时儿童的认知和体力水平都有显著提升，很少表现出注意力不集中的问题，其中并没有发现明显的生理和情绪变化。此外，哈蒂格等发现在预检验和散步后的逆转次数中只有环境和时间的交互作用，没有环境和任务的主效应，说明环境中注意力的变化更多归于在城市环境中表现变差。

## 1.4.2 流行病学领域

在小规模实验类研究启发下，近期流行病学领域开展了大量针对自然环境与人群健康关系的研究。鉴于实验操作的难度，如需要实施大规模刺激、进行随机分组，并且要严格控制干扰因素等，针对大规模人群的研究主要采用"横断面方法"（cross-sectional method）。所谓横断面方法，是指在某一特定时间对某一定范围内的人群以个体为单位收集和描述人群的特征以及疾病或健康状况，其是描述流行病学中应用最为广泛的方法。对应自然环境与人群健康关系的研究，其检验的是环境现况与健康现况之间的关系，所得结论为二者的相关关系。

相对于实验类研究，横断面研究所要控制的环节较少。研究设计一般为：首先，利用技术工具对不同研究区域内的自然环境进行评价；其次，按照事先设计的要求用普查或抽样调查的方法，收集特定时间内研究区域内人群的健康相关指标；最后，采用相关分析、回归分析等统计分析方法建立前两者之间的数理关系。其中，自然环境的评价内容主要涉及三方面：①居住区内部或一定邻近区域的绿地数量；②研究对象访问绿地的频率、时间；③利用 GPS

等技术准确分析被调查者接触的绿地。健康相关指标一般为体力活动相关指标、社会交往相关指标以及如心血管疾病、抑郁症等的发病率。由于此类研究设计中被调查者规模通常较大（数百、数千乃至数万），所得结论多如抑郁风险减小等可能需要数月或数年自然暴露才能获取的健康效益，本书后续内容将此类研究称为"大规模横断面研究"，其所验证的健康效益称为"长期健康获益"。

## 1. 自然环境与体力活动

主要通过地理信息系统（geographic information system, GIS）或专家审计法，评价被调查者与最近绿地的距离、指定范围内某一类型绿地的个数或研究区域内绿地的比例；通过自陈报告和客观测量的方式评价被调查者的体力活动、体重指数（BMI）等。例如，有研究分析了住区 1km 范围内社区公园的个数、总面积以及与最近公园的距离，与总体、社区、公园体力活动之间的关系。结果显示，公园数量每增加 $1hm^2$ 被调查者总体体力活动增加 2%，基于社区的体力活动增加 17%。同时，居住区公园数量越多，女性、儿童及老年人的体力活动更积极。另有研究分别用可穿戴加速度计和 GIS 测量了儿童体力活动和住区绿地数量并分析了二者间的关系，结果显示儿童所在住宅周围绿地数量越大，相应的体力活动越积极。然而，也有研究没有发现体力活动与绿地之间的显著联系，如琼斯（A. Jones）等人针对贫困地区绿地数量与居民体力活动的研究。可见，有关自然环境与体力活动关系的研究结论不尽一致，各项研究间的数据收集方法、研究对象等具有较大差异。

## 2. 自然环境与社会凝聚

主要通过被调查者对所在社区内部或周边绿地以及社会凝聚的主观评价获取相应的数据。例如，一项基于 1895 位成年人对所在社区绿化水平和社区社会关系主观评价的研究显示，社区绿化率越高（指标为乔木覆盖率），相应社区的社会关系越和谐（指标为帮助邻里的意愿程度）。还有研究通过对 4 个城市 80 个社区的不同街道绿化数量和质量的主客观评价，以及对街道社会凝聚力的主观评价，发现街道绿化的数量和质量均能影响街道社会凝聚力。另有基于 10089 个城市居民的调查研究，通过测评被调查者居住区 1km 和 3km 范围内的绿地数量，以及被调查者的孤独感、社会支持感，在控制社会经济、社会人口变量影响的情况下发现，所在社区周边绿地越少孤独感越强，并感觉到缺乏社会支持。

### 3. 自然环境与疾病发病率

除了以上健康相关因素，还有研究直接检验了居住区绿地、公园绿地等与疾病发病率、肥胖症、新生儿体重等的关系。其中引用率较高的研究，如关于居住区内部及周边绿地与自评总体健康（general health）关系的研究显示二者具有显著的正相关关系；关于街道绿化与自评总体健康、精神健康的研究显示，街道绿化水平越高自评总体健康和精神健康越良好；此类相关关系还表现为居住区绿地越多儿童肥胖症的概率越小，新生儿体重（birth weight）越正常。

## 1.4.3 其他领域

健康地理学、知觉心理学、园艺疗法学等领域也涉及"自然—健康"议题研究。其中，健康地理学（health geography）是医学地理学发展过程中形成的一个分支，属于自然地理学和人文地理学的交叉研究领域，可以看作是地理学的观点和方法在健康、疾病和医疗的研究中的应用。20世纪70年代以来，随着人文地理学的社会—文化转型，医学地理学的研究重点逐渐从自然环境与人群健康转向社会环境对人们健康状况（生理、心理）的影响，以及与之相关的医疗与康体保健场所的空间建构。在此背景下，卡恩斯（R. Kearns）提出了"后医学地理学"一词，在此之后用"健康地理学"取代。健康/医学地理学者格斯勒（W. Gesler）于1996年首次提出"康复景观"（therapeutic landscape）概念，试图在地理学的广义景观范畴内探索"地方"的积极意义和治疗特征。康复景观与地方感（sense of place）、地方认同（place identity）等有关（详见本书2.2节），主要指向有利于维护人类健康福祉的特定地方。这一地方的物质环境特征、社会文化经济状况和身处其中的人的感知，共同创造了能起到治疗作用的环境氛围。例如，格斯勒相关研究中经常出现的宗教朝圣地、温泉疗养胜地等。

知觉心理学者也认为自然环境可以改善公众的日常生活质量，原因是提供了有益健康的环境（salubrious environments）和视觉审美。20世纪70年代以来，以吉布森（J. J.Gibson）为代表的知觉心理学者构建了"环境—行为"模型，以辨识与环境提供有关的行为。该模型不再认为个体接受的是无意义的环境刺激，相反强调环境感知者与环境提供（environmental affordances）之间的动态关系，其不同于以上环境心理学者遵循的环境"主体—客体"的二分法（详见本书6.2节）。在此框架下，研究认为自然环境中的环境提供对生活方式有关症状（如压力相关疼痛）的缓解具有重要作用。这种环境提供是通过激发身体活动、促进社会交往以及鼓励人与环境间有意义的活动等方式实现的。

园艺疗法领域认为园艺操作活动是充满意义的、享受的和具有治疗作用的。该类研究以休闲理论为支撑，认为园艺活动过程会使个体获得回馈感，以及可能历经幸福感，全身心投入，甚至达到忘我境界的心流体验（flow experiences）。园艺疗法研究者通常将开展园艺活动、鼓励身体运动（如治疗性行走）的场所称为医疗花园或康复花园。一些专注于感官刺激设计和园艺操作设施设计的康复花园，被证实有利于缓解痴呆或创伤所引起的心理压力。

## 1.4.4 国内研究

近十来年，国内学者亦对"自然—健康"议题进行了广泛探索，其中的代表性理论观点如谭少华等从建筑、社区和城市三个层面，对基于自然环境的主动式健康干预的人居环境策略进行了探讨；杨欢、刘滨谊等通过中医理论与康健花园设计的结合，提出康健花园设计的新框架与导则；刘博新、李树华探索了神经科学在康复景观的康复原理、研究方法、康复设计以及理论框架等方面的应用；蒋莹从医疗园林的角度对园林要素和感觉要素所起的健康作用进行了论述；袁晓梅认为中国古典园林将生命的颐养目标落实到了园林的声景营造，实现了园林降噪、声音美营造乃至静谧境界经营的整体把握；陈易对健康社区建设中绿化规划导向展开了讨论；张德顺等对基于康健养生理念的植物园规划创新模式进行了研究；郭庭鸿、董靓等对面向自闭症儿童、自然缺失症儿童的康复景观理论体系进行了探索。

代表性实证研究如李树华等通过对比现场观看城市公园的铺装广场、开阔水际和植物群落的脑波变化，发现植物群落和开阔水际相对于铺装广场对身心放松的作用更加显著，通过对老年人使用庭园前后生理心理指标的测定以及对庭园的使用情况和认知特征的问卷调查，表明庭园活动对血压、心率和专注力都有改善作用而且景观空间特征影响了具体康复效果和使用状况；金荷仙等的系列研究在测定不同品种梅花和桂花香气组分的基础上，进一步证明梅花、桂花香气可以使肤电值、血压及体温下降并在一定程度上改善注意力、记忆力和想象力。

代表性综述研究如侯韫婧、赵晓龙等基于健康视角对西方风景园林发展历程的回溯，徐磊青对社区绿地、康复花园和建筑环境在减压和注意力恢复方面作用的述评，谭少华等对城市公园绿地的压力释放与精力疲劳恢复功能的回顾，姜斌等从促进身体锻炼、舒缓精神压力、减轻精神疲劳、提供生态产品与服务和提升社会资本五个方面分析了城市绿色景观对公共健康及福祉的影响，雷艳华、金荷仙等对康复花园的概念、类型及使用者的辨析以及对其产生背景和发展状况的回顾，苏谦等、陈晓等从心理学视角对自然环境健康效益、理论建构及研究进展的述评，郭庭鸿等以自然减压为主线，通过对大量实证研究的述评反映了自然与健康领域从单一视觉体验转向多维现场体验的研究趋势；另外，除了这些叙述性综述（narrative review）外，王志芳等对健康修复环境的相关研究进行了系统综述（systematic review），陈筝等采用元分析方法（meta-analysis）定量分析了恢复性自然环境对城市居民心智健康的影响。

　　然而，目前的国内研究总体上以介绍分析国外理论、方法、进展及实践案例为主，缺乏原创研究。笔者通过文献检索方法，在国内权威数据库"CNKI"检索了1979~2016年公开发表的中文文献，包括期刊论文、会议论文和硕博士学位论文。此过程中，以"康复景观、康复园林、康复花园、医疗景观、医疗园林、医疗花园、恢复性景观、恢复性花园、恢复性环境、复健花园、园艺疗法、自然辅助疗法、生态疗法"等专业词汇，以及"自然环境、城市绿地、城市绿色空间、森林景观，健康福祉、公共健康、心理压力、注意力疲劳"等相关词汇的不同组合为检索词，检索结果为489篇文献。首先，排除科普及报纸类文献，政策、管理、医疗改革及医院室内环境类文献，介绍国外研究进展、国外案例类文献，以及偏重医学治疗和创伤康复的文献共计188篇。然后，依据研究的方法学特征对剩余文献进行归类。结果显示，非实证研究文献为288篇，占比95.7%，其中背景资料和专家意见等经验类文献246篇，占文献总量的比例为81.7%；设计案例定性分析文献42篇，占文献总量的比例为14.0%；实证研究文献为13篇，占比4.3%，其中观察类研究6篇，占文献总量的比例为2.0%；实验类研究7篇，占文献总量的比例为2.3%。从各类文献所占比例来看，目前国内相关研究仍以介绍分析居多，缺乏采用严格研究设计的实证研究。

## 1.4.5 关键问题提炼

　　综合国内外研究现状来看，既往研究以各种以自然要素为主体的景观环境为研究对象，主要通过实验方法和横断面方法取得重要进展（表1-1）：小规模实验类研究因采用了随机分组并且对干扰因素进行了控制，从而证实接触自然可在短期内对情绪状态、生理活动、认知功能等产生积极影响；大规模横断面研究也在一定程度上证实了接触自然与长期健康获益之间的积极联系，如住区周边公园绿地数量与人群抑郁风险率间的负相关关系。由此，可以说既往研究基本证实了自然环境的健康促进作用。

既往研究总结　　　　　　　　　　　　　　　　　　表 1-1

| | | 小规模实验类研究 | 大规模横断面研究 |
|---|---|---|---|
| 研究目的 | — | 自然环境本身是否影响人的情绪、生理或认知以及相对于人工环境的效益差异 | 不同绿化水平研究区域被调查者的体力活动、社会交往或特定疾病发病率是否存在差异 |
| 研究设计 | 环境对象 | 自然环境对比人工环境 | 绿化水平不同的研究区域 |
| | | 环境大类层级对比<br>自然子类层级对比<br>自然要素层级对比 | — |
| | 被试 /<br>被调查者 | 规模较小、其他条件相似的<br>特定人群 | 规模较大、其他条件无从考证的普通<br>大众 |
| | 预 处 理 | 现状测评或预处理后测评 | — |
| | 分组刺激 | 随机分组<br>进行虚拟刺激或现场刺激 | — |
| | 健康效益 | 短期健康获益 | 长期健康获益 |
| | | 情绪状态相关指标<br>生理活动相关指标<br>认知功能相关指标 | 体力活动相关指标<br>社会交往相关指标<br>疾病发病率相关指标 |
| 研究结论 | — | 接触自然能在短期内对情绪状态、生理活动及认知功能产生积极影响，并且相对人工环境效益更大 | 接触自然可能有助于提升体力活动、促进社会交往，降低疾病发病率等 |
| 可靠程度 | — | 因果关系，可靠性高 | 相关关系，可靠性低 |

尽管如此，诸多问题仍待进一步研究。从该议题涉及的两个基本对象"自然"与"健康"之间的关系以及这些关系的建立过程来看，当前研究的不足可归纳为以下两点。它们均关乎实践应用效率的提升，尤其是在高密度城市公共健康问题突出、自然资源紧缺的情况下不容忽视。

## 1. 缺乏对微观层面自然与健康因果关系及其时效性和普遍性的研究

就实验类研究来说，既往多数对自然环境的定义过于笼统（一般被描述为以绿色植被为主的景观环境），其间缺乏对自然要素及其组合方式等的明确界定。具体来说，大部分对照实验建立在自然与人工环境的粗放对比上，仅能从环境的宏观类别上证明自然的绝对和相对心理恢复效益；部分研究虽然细化出不同的自然类型，但也仅限于通过对比证明自然子类的效益亦优于人工环境，对于不同自然子类之间的差异说服力不够；有研究对居住或工作场所绿化与心理恢复的关系进行了分级研究，只能证明绿化水平越高相应的心理恢复效益越高，其间并没有明确绿化的具体类型和细节内容；还有研究在要素层级探索了自然与人工环境以及不同自然要素的效益差异，遗憾的是其间没有囊括多样的自然要素，亦只能证明自然优于人工环境的结论在要素层级依然成立。换言之，虽然目前的实验类研究在不同层级上证实了自然环境的绝对和相对效益，但基本没有确定其中起作用的关键成分，而这一点对于高心理恢复效益环境的营造至关重要。此外，目前仅基于小规模人群证实短期内相关指标的积极变化。由此带来的问题是基于特定人群的结论是否能推广至普通大众（如适用于低龄人群健康改善的自然特征是否同样适用于老龄人群的健康），以及短期健康获益是否与长期的健康改善有关（如很难判断短期的血压下降与心脏病发病率下降之间的关系）？

横断面研究同样存在对细节关注不足的问题，多数研究只评价了研究区域内自然环境的数量，忽略了自然环境的类型和质量。例如，对面积相同但类型不同（如公园绿地与自然林地）的研究区域不加区分，将面积相同但质量不同（如不同的乔、灌、草植被结构）的研究区域同等对待。由此带来的问题是，哪种类型的自然环境对预期健康指标的改善更有用，以及其中何种质量的自然环境的作用相对更大？此外，横断面方法只能建立相关关系而非因果关系，这种相关关系易受选择效应（selection effect）的影响而较为脆弱，如更多健康人群选择居住在绿化水平较高的社区亦能形成二者的积极联系。

可见，目前缺乏对微观层面自然与健康因果关系及其时效性和普遍性的研究。究其原因，既往大部分研究是由环境心理学者和流行病学者完成的，他们更加关注环境的数量和宏观类别而非质量和具体内容。此问题是阻碍实践应用的主要障碍之一，涉及如何在物质空间的营造上更加高效地落实自然与健康的关系，如在规模有限的小微公园绿地如何进行自然要素的选择以及不同要素的组合等。对此，学界普遍建议采用"现场实验设计"（natural experimental design）和"纵向观察设计"（longitudinal observational design），开展基于大量人群而非特定个体的研究。然而，也同时指出在当前研究条件下开展此类研究的难度异常之大，如现场实验中需要同时选择至少两处条件相当的真实环境，并且要对其中一处进行若干次不同程度的实验改造，为了排除混杂因素还需对随机分组的人群进行严格管控等。也就是说，现阶段对于该问题的解决遇到了一时难以突破的瓶颈。

## 2. 缺乏对自然与健康现实关联路径及其调节因素的研究

诚然，既往研究证明了个体水平上自然环境与短期健康获益的因果关系以及群体水平上自然环境与长期健康获益的相关关系。但是，这些研究结论的成立均需对关联自然与健康的关键环节"自然暴露"进行控制。其中，实验类研究须事先要求被试接触自然，横断面结论可能源自多数被调查者经常使用自然（详见本书 3.2.3 节）。不可否认，在面向个体的实践应用中可以很好地控制自然暴露环节，进而促成"自然—健康"的转化。但是，在面向自由人群（free-living population）的实践应用中（以下"实践应用"无明确说明时均指面向公众的实践应用），自然暴露联结自然与健康的过程会因暴露依托的环境的特征（如面积大小、组成要素、空间布局、游憩设施等），接受自然暴露的人（如儿童、成年人或老年人等）等的不同，而出现不同的暴露方式、时间和频率等，进而产生不同程度甚至相反的健康效益。也就是说，现实世界中自然与健康之间的关系（包括目前尚缺乏研究的微观层面的相应关系）受多重因素的干扰。这些第三方因素被称为"调节因素"（moderators），它们通过影响自然暴露环节而影响自然与健康的联系强度（strength）和方向（direction）。

目前，现实世界中自然与健康的关联路径较少受到研究关注，更缺乏针对其中调节因素的研究。其成因可部分归于参与"自然—健康"议题研究时部分学科的研究导向不明。例如，长期以来规划设计研究人员大多追随环境心理学、流行病学等领域开展关于"自然是否影响健康"的基础研究，忽略了"如何通过对物质环境的干预来促进人们使用自然进而增加健康获益"这一可对调节因素起控制作用并且契合其专业本体的工作，以致没有形成多学科分工合作的良好局面。对此问题的忽略，将会直接影响从自然到健康这一过程的转化效率，或者说影响对已经证实的"自然—健康"积极关系的实践转译。更通俗来讲，即使是在健康效益被完全证实的情况下，如果现实世界中人们缺少接触自然的机会、缺乏接触自然的动机，或受安全性等因素的约束而影响使用，从中获取健康效益的可能性将会降低。

# 1.5 拟解决关键问题及其思路和方法

如前所述，本书所涉内核议题"自然—健康"从科学研究到实践应用面临两大问题：一是缺乏对微观层面自然与健康因果关系及其时效性和普遍性的研究，二是缺乏对自然与健康现实关联路径及其调节因素的研究。事实上，它们是分属两个不同层面的问题，前者归属基础研究层面的"自然是否影响健康"，后者归属应用研究层面的"自然如何影响健康"。关于自然是否影响健康，既往研究基本予以证实，仅缺乏微观层面的研究。然而，就当前研究条件来讲，微观层面相关研究遇到了一时难以突破的瓶颈。因此，本书重点研究自然与健康现实关联路径及其调节因素。现实关联路径是现实世界中从自然环境的输入到健康效益的输出的过程，而调节因素通过影响使用环节来影响二者之间关系的强度或方向，在以提升公共健康为导向的实践应用中不容忽视，尤其是在高密度城市公共健康问题凸显和公园绿地稀缺的背景下更需关注，因为其关乎"自然—健康"的转化效率。以风景园林学为代表的规划设计学科，可通过对物质空间的干预促进人们使用自然进而增加健康获益，因此能在一定程度上控制调节因素对自然与健康关联路径的影响。

基于上述分析，本书主要研究内容的组织将按照以下思路进行（图1-6）：

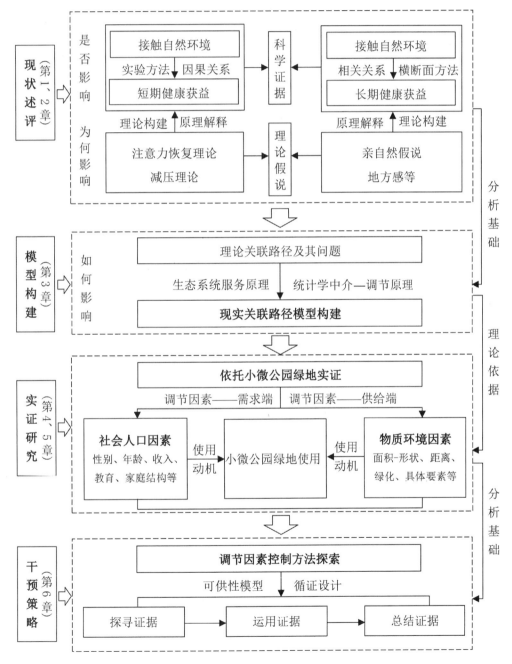

图1-6　内容框架

（1）在综述研究所涉内核议题"自然—健康"研究现状的基础上，分析既往研究不足以支持实践应用的主要原因，并指出本书研究自然与健康现实关联路径及其调节因素相关问题的必要性。

（2）在对比理论和现实情境中自然与健康关联过程异同的基础上，讨论调节因素及其作用机制并尝试构建现实关联路径概念模型，为未来具有良好生态效度的研究提供理论参考，也为下一步针对调节因素的实证研究提供理论依据。

（3）从上述模型的关键环节"使用自然"切入，依托典型高密度城市小微公园绿地开展针对调节因素的实证研究。此过程中，在初步证明小微公园绿地健康效益的基础上，重点分析小微公园绿地使用的人群差异及其主要成因，并进一步从需求和供给两方面定量分析影响因素。

（4）通过对实证研究结论和相关理论的综合运用，探索自然与健康现实关联路径中调节因素的控制方法。

本书在研究方法上以逻辑分析和实证验证为基础，综合运用叙述性综述法，概念性模型构建法，现场问卷调查、访谈、测量法，以及统计分析法等。

（1）叙述性综述法。主要用于第 1、2 章，其他章节也涉及。通过对规划设计学、环境心理学、流行病学、健康地理学等领域国内外相关文献的深入研读与分析评价，对目标议题的研究进展、重要成果、目前存在的主要问题形成总体认识。

（2）模型构建法。主要用于第 3、6 章。通过对自然与健康现实关联路径概念模型的构建（第 3 章）和对可供性模型与循证设计过程的整合（第 6 章），起到澄清基本科学假设、明确研究对象之间关系、组织研究思路和结构，以及指导当前和未来研究的设计和实施的作用。

（3）调查研究法。主要用于第 4、5 章。在依托典型高密度城市区域小微公园绿地针对调节因素的实证研究中，借助调查问卷收集使用者相关数据并利用访谈方法进一步了解其对小微公园绿地的具体需求、偏好、满意度等；采用现场观察和现场测量的方法收集小型绿色空间物质环境特征相关数据。

（4）统计分析法。主要用于第 4、5 章。采用 logistic 回归分析、相关分析、聚类分析等方法对现场调查采集到的主客观数据进行统计分析，以寻找不同变量之间的关联性并对其合理性进行讨论，进而推导出结论。

# 1.6 本章小结

    本章通过对研究背景的描画、主要概念的界定、发展历程的回顾、国内外文献的述评以及主要研究内容和方法的锚定，为后续章节的展开做好铺垫。其中，研究背景部分紧扣高密度城市公共健康问题凸显、"自然—健康"议题走向科学实证和公园绿地小微化发展趋势明显等理论和现实需求，阐明开展相关研究的必要性和紧迫性；概念界定部分通过对主要概念的辨析和界定，起到明确内涵、界定外延和连贯逻辑的作用；发展历程部分以时间为序回顾了相关议题的发展脉络，以更好地定位本书研究所处的阶段；文献综述部分通过系统的文献总结和评价，一是旨在呈现截至目前相关领域的整体图景，二是为本书拟解决的关键问题提供线索和依据；内容与方法部分进一步提炼了本书所涉及的主要内容及其支撑方法。

# 第2章

## 自然

## 为何影响健康

## ——相关理论

## 回顾

　　绪论部分有关国内外研究现状的文献述评表明，自然环境与人的健康有着广泛的积极联系。其中，自然暴露可以在短期内改善被试的生理心理状态，长期的自然暴露可能是人群抑郁风险降低、身体质量指数下降、社区归属感增强等的重要原因。在此基础上，本章将进一步综述"自然为何影响健康"的相关理论，也即有关自然与健康之间积极关系的理论解释。

　　本章是本书关于"自然是否、为何、如何影响健康"的知识体系的必要组成部分，也是理解自然与健康之间积极关系的必要知识回顾。在此方面，目前有关自然环境促进生理心理状态短期改善的理论较为成熟，主要有环境心理学领域由卡普兰夫妇提出的注意力恢复理论、乌尔里希提出的减压理论；而有关自然环境与长期健康获益的理论较为薄弱，通常在上述两个理论的基础上进一步借用生物进化领域的亲自然假说以及人文地理学领域的地方感和康复景观理论（图2-1）。

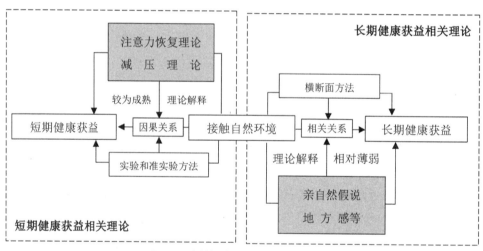

图2-1　自然与健康关系的既有理论解释

# 2.1 短期获益相关理论

## 2.1.1 注意力恢复理论

　　20世纪80年代，环境心理学家卡普兰夫妇从认知视角提出了"注意力恢复理论"（attention restorative theory, ART），并将有利于定向注意疲劳恢复的环境称为"恢复性环境"（resoration environment）。该理论可简要地概括为，包含远离、吸引、丰富和相容属性的环境有利于定向注意损耗有关的精神疲劳的恢复，由于自然环境通常包含上述四个属性，接触自然有利于精神疲劳的恢复。

对于该理论的解读，将从三方面进行：①什么是定向注意，定向注意疲劳会产生哪些不良影响；②为什么远离等环境属性可以促进定向注意疲劳的恢复；③为什么说自然环境是一种有利于定向注意疲劳恢复的环境？

## 1. 定向注意及其重要意义

ART 的核心概念是"定向注意""自发注意""定向注意疲劳"。其中，定向注意、自发注意是卡普兰等在心理学家詹姆斯（W. James）的有意注意、无意注意概念基础上的进一步拓展。詹姆斯认为人的注意力分为有意注意、无意注意两种类型。其中，"有意注意"（voluntary attention）是指服从于预定目的并需要意志力参与的一种注意力，如在从事一些缺乏内在吸引力但又必须去完成的，或那些个体感兴趣但又难以完成的事情中都会运用此类注意力；与此不同，"无意注意"（involuntary attention）没有预定的目的，也不需要意志力的参与。

卡普兰等接受詹姆斯关于有意注意"需要个体的努力，需要抑制其他竞争性活动"的基本观点，同时也指出其忽略了此类注意力"易于疲劳"的特点。因此，为了避免混淆，他们提出了与之呼应的"定向注意""自发注意"。与"有意注意"相似，"定向注意"（directed attention）是个体保持对某一事件或事务专注的关键，运用定向注意期间个体需要付出大量努力、需要有意识的控制，还需要排除其他干扰因素，由此较长时间的运用便会产生定向注意疲劳。"定向注意疲劳"（directed attention fatigue）可被描述为一种精神疲劳状态或被耗尽的感觉，当个体从事一些高强度工作之后便会体会到这种感觉，甚至长时间高强度地执行感兴趣的任务也有类似的感觉；与定向注意相反的是"自发注意"（automatic attention），指自动发生的、无须努力的，也不需要投入大量精力的一种注意力。

作为一种重要的认知资源，定向注意是保持平稳高效的信息处理的关键因素，在解决问题和发挥人为效能过程中起着重要作用；同时也是维持正常心理机能的关键因素，在产生适当行为及维持正常情绪过程中起着重要作用。当定向注意疲劳时，会产生诸多不良影响：如认知层面，造成对某些缺乏内在吸引力事物的疏忽或错误的感知，并且由于无法超越当下的压力和诱惑而缺乏对自身行为的反思，个体常无法获得对全局的把握，难以在情况复杂的局面下提出并实施计划，因而在工作、生活中变得被动、盲目；情感层面，易激惹是缺乏定向注意的标志性表现。与应激反应带来的焦虑不同，处于易激惹状态的个体更加不愿求助于人或是与他人相处；行为层面，由于个体缺乏忍耐和反思能力，往往行为冲动、草率，容易半途而废。在某些关键时刻，即使是瞬间的定向注意缺失也会带来惨重的损失，如空难、海难、核泄漏与化学药品爆炸等灾难性事件很大比例上都是由"人为失误"造成的。

## 2. 恢复性环境属性

卡普兰等指出定向注意恢复的一个重要原理是使人从需要大量努力和精力才能保持的定向注意模式切换至无须大量努力和精力的自发注意模式，当处于自发注意模式时，定向注意就可以得到休息和恢复。进一步指出，能使人处于自发注意模式的事物首先应具有吸引性，其次还需要远离性、丰富性和相容性。当处于具有上述四个属性的环境且时间充裕时，人们将体验到四阶段渐进式的恢复历程：第一阶段是"清新头脑"，让头脑中杂乱的思绪逐渐消退；第二阶段是逐渐补充定向注意；第三阶段是个体在中等适度迷人的环境中，内心的杂念减少，思绪逐渐平静，并开始关注以前没有认识到的想法或问题；第四阶段是最高的阶段，人们会反思自己的一生，事情的轻重缓急与可能性，以及个人的行为和目标。不同的环境和时间会影响到个体在恢复历程中所处的阶段。

（1）"吸引性"（fascination），卡普兰等最初用"吸引"一词来代替自发注意，认为只要环境中的信息无须个体努力就能引起注意，即可被认为是有吸引性的。吸引性有许多来源和种类，如源于过程性事物或内容性事物。源于过程性（process）事物的吸引性如许多人会沉迷于犯罪小说，其中凶手和故事结局都很难预测直到故事的结尾，即使还可以通过其他更有效率的方式得知结局，人们也不急于查看；赌博行为同样属于过程性吸引。另外，吸引性还可以源于内容性事物，如野生动物、野外洞穴等都是这种不需要定向注意的内容性吸引。一些介于软硬之间的极端状况也能产生吸引性，因此有了硬吸引（hard fascination）、软吸引（soft fascination）之分，如观看竞技体育和漫步于自然环境是两种不同内容的吸引。软吸引是部分自然环境的特征，其优势在于保持吸引性的同时留给人反思的机会，这可以进一步提升恢复性。因此，吸引性是恢复性环境的一个关键成分，但这并不意味着有吸引性就可以保证定向注意得到休息。也就是说，吸引性对定向注意的恢复来说是一个必要非充分条件。

（2）"远离性"（being-away），指把个体从需要定向注意支持才能继续的活动中释放出来。事实上，人们经常把外出（getting away）作为去往恢复性地方的代称，但这里的远离是指心理上的转变而非物理上的转变。尽管一个新的或不同的环境具有较大的恢复性潜力，但也不是不可或缺的。当观看视角改变或者以新的方式看待旧环境时都可以提供必要的心理转变。

（3）"丰富性"（extent），指环境必须有足够的范围（scope）并且各要素之间要连贯（coherence），只有同时满足这两个条件时才能称之为具备丰富性的环境。单独存在的一望无尽的溪流既有吸引力又不同平常，但是它不具备丰富性。原因一是由于缺乏与之相连贯的其他环境特征而不能被视为一处完整的环境，仅仅是一个不相关的印象集合，二是其没有提供足够的环境内容让人去观赏、体验和思考，如此也就不能占据个人的大部分思维空间。当然，这并不意味着绝对物理空间大的环境就一定比小空间更具丰富性。

（4）"相容性"（compatibility），指环境要与个人目的或倾向相互兼容，也即环境须与个人努力去做、喜欢去做的事情相互匹配。相容性环境具有双向性，一方面在一处相容性环境中个人目的要与环境要求相匹配；另一方面环境须能提供满足个人目的的信息。只有在这样的环境里才能轻松自如地开展活动，不需要事后自责或密切关注自己的行为。相容性与个人目的之间的关系暗含了以下几点：①当个人能从环境中获得及时有用的信息反馈时他的目的才很容易达到，因此一处相容的环境应是可以响应人的需求的环境；②由于个人目的是多变的，如果他的目的是获取恐惧感，那么一条蛇可能是一个相容和迷人的刺激，因此相容性不是一成不变的，与不同的个人目的相容的环境可能具有较大差异；③个人实施目的过程中经常需要处理半途遇到的问题，处理问题则涉及定向注意的一个关键功能"在诸多选择对象中做出抉择"，而一处模糊或分散的环境会增加许多无关紧要的可能性或选择，因此相容性环境应是选择性较少的环境。

## 3. 自然环境何以成为恢复性环境

卡普兰等认为定向注意疲劳问题是人类发展至近现代才出现的。这一时期随着人类活动的复杂化，重要性和吸引性事物的区分趋于明显，为了保持对重要性事物的专注，人们会经常性地持续地运用定向注意，其间需要抑制吸引性事物对注意力的分散。自然环境之所以能促成定向注意向自发注意的转变，是因为人类的大部分进化过程都是在自然环境中进行的，其间面对的是如绿色植被、野生动物、天然洞穴、甚至各种危险物等不需要定向注意的具有天然吸引性的事物。那么，具体而言自然环境如何促成这种转变？对此，他们从自然环境如何满足恢复性环境的四个属性并援引诸多观点和实证研究做出解释，具体如下：

（1）吸引性方面，自然的吸引主要体现在软吸引方面，如变幻无穷的云彩、落日、雪花、微风中摇曳的树叶等。这些要素很容易以一种平淡无奇的形式吸引注意，个体无须努力便可进入这种模式，并且能留下充足的机会来反思其他事情。

（2）远离性方面，自然通常是受人偏好的环境，原因之一是其提供更多的恢复性机会。海滨、山体、湖泊、溪流、森林、牧场等都是能产生远离性的如诗般的地方，然而对许多城市居民而言，这些地方并不是随时可达的。相对于物理距离上的远离，远离性更偏重心理上远离那些需要定性注意的事物。因此，那些可以方便进入的自然环境对定向注意的恢复来说是一种重要的资源，即使是规模有限的小块绿地也可能具有重要的恢复性价值。

（3）丰富性方面，丰富性不一定需要大片的土地，甚至是在一个相对较小的区域便可获得丰富感。合理的路径设计能让小区域看起来更大。微型化是另一种扩展空间感的策略，尽管区域本身不大。日式花园常常整合了这些策略而让人产生范围感和连通感。此外，丰富性概念还可以更加宽泛，如具有人文历史要素的环境可能会让人联想到过去，如此脑海里的内容便会更加丰富。

（4）相容性方面，人类的行为倾向与自然环境之间似乎有一种天然的共鸣。对许多人来说即使对人工环境更加熟悉，但与之相比在自然环境中活动时需要付出的定向注意更少。与自然环境有关的许多人类行为模式都是充满趣味的，如捕食（狩猎、捕鱼）、运动（登山、划船）、野生动植物的驯化（园艺、照顾宠物）、观察其他动物（观鸟、参观动物园）、生存技能（生火、构建住所）等。人们通常都是带着上述目的进入自然区域，以至于这些行为模式都被大脑记住，这样也就增加了相容性。尽管一处就近的、交通便捷的自然环境不能满足上述所有要求，但即使是这样一处环境对于寻求暂时注意力恢复的人都具有支持作用。

除了讨论自然环境如何满足恢复性环境的四个要求外，卡普兰等还援引一些经验观点和研究证据来加以证明。例如，引用奥姆斯特德的观点"自然环境可以使精神免于疲劳甚至会锻炼它，使之镇静并充满活力，乃至从精神到身体重新振作整个人体系统"，以说明此现象很早就被前人洞见；引用哈蒂格等的实证研究更为直观地说明自然体验与信息处理效率（定向注意的关键指标）之间的关系。1991年，哈蒂格等采用准实验设计研究了荒野徒步和城市徒步对定向注意的不同作用。该研究以无休假人群为控制组，以具有荒野徒步经验和参加常规身体锻炼的人分别为实验组和对照组。结果显示，在前后侧范式下，荒野组的文字校对能力（一个需要定向注意的任务）有显著的提升，其他两组相应的表现出现了下降。另一更加严格的实验研究同样来自哈蒂格等，其中被试被随机分配至自然步行组（城市公园）、城市步行组（居住商业混合区）和被动放松组（实验室），实验开始前三组被试均进行了一项能使注意力疲劳的预处理，实验期间前两组在各自对应的环境内徒步40min，被动放松组花同样的时间来听轻音乐或阅读杂志，实验结束后采用同样的文字校对任务评估三组被试的注意力恢复情况。结果显示，自然步行组相对于其他两组在文字校对任务上的表现更好。

至此，卡普兰等从定向注意概念及其重要性，定向注意恢复的原理，自然环境如何满足恢复性环境的四个要求以及经验观点和研究证据对其的直接证明等方面，较为完整地论述了注意力恢复理论。其实，如本书绪论部分国内外研究所示，后继学者已利用多种指标检测技术以城市自然、乡村自然、原始荒野等不同的自然环境和与之相对的灰色城市环境为研究对象进一步证实了该理论。

## 2.1.2 减压理论

有关自然环境与心理恢复之间关系的理论解释，乌尔里希教授也做出了卓越的贡献。他于 1983 年从心理进化视角提出的"减压理论"（stress reduction theory, SRT），亦称"心理进化理论"（psychoevolutionary theory）。该理论认为，在漫长的进化过程中，人类应对压力时对某些自然特征的依赖使其在遗传上形成了偏好这些自然特征的心理机制。这种进化适应机制从根本上决定了人类对大自然中的开敞空间、特定植被结构、水体等具有先天的积极反应，如引发积极情绪、降低生理唤醒以及补充注意力等。

对于该理论的解读，将从以下几方面进行：①压力及其反应机制是什么？②压力在人类进化过程中的作用是什么？③自然减压的原理是什么？

### 1. 压力及其反应机制

"压力"（stress），又称应激，在环境心理学中一般被解释为个体遇到挑战或威胁情境时，在心理、生理及行为层面自动表现出的一系列紧张状态。心理层面主要包括对威胁情境的情绪反应、认知评价；生理层面指身体的相关系统立即被激活以调动机体应对突发状况，包括心血管系统、骨骼肌肉系统、神经内分泌系统等；行为层面指出现如回避行为、频繁失误等。相对于心理和行为反应，目前有关压力的生理反应机制的解释较为明确，主要受"自主神经系统"（autonomic nervous system, ANS）的调配。ANS 是脊椎动物的末梢神经系统，由躯体神经分化、发展，形成机能上独立的神经系统，其单一地或主要地由传出神经组成，受大脑的支配，但有较多的独立性，特别是具有不受意志支配的自主活动，由此兰利（J. N. Langley）将其命名为自主神经系统。ANS 分为交感神经系统（SNS）、副交感神经系统（PNS），二者之间为相互平衡制约的拮抗关系；SNS 的主要功能是遇到挑战或威胁时进行机体动员，激活个体的"或战或逃反应"（fight-or-flight response）；PNS 则负责压力情境过后的恢复性反应，通过对皮质醇（cortisol）等压力激素的调控帮助身体恢复到正常状态。

当个体感知到压力时，往往通过两条生理途径做出反应，包括"交感神经—肾上腺髓质轴"（the sympathetic-adrenomedullary system, SA）和"下丘脑—垂体—肾上腺皮质轴"（the hypothalamic-pituitary-adrenocortical axis, HPA）。其中，SA 轴的作用机制在于：当面临威胁情境时，个体的交感神经兴奋增强（此时副交感神经兴奋减弱或称处于抑制状态），促使肾上腺髓质产生肾上腺素、去甲肾上腺素，由此导致血压升高、心率加快、出汗增多，并会对周边血管产生抑制，进而为机体创造"或战或逃"的体内条件。也就是说，SA轴的反应增强有利于机体应对压力或威胁，但也使器官运转和能量消耗加速。此过程中或稍晚，HPA轴反应也会帮助机体对可能的伤害做出准备。该轴上，大脑皮质给下丘脑传递信息，此过程激活了促肾上腺皮质激素释放因子，导致皮质醇（cortisol）等"压力激素"被释放到血液中，以促进糖、蛋白质和脂肪等的分解，进而为使脑和心脏组织活动提供所需能量。以上生理反应提高了机体应对压力或威胁的能力，甚至有些时候还可以挽救生命，如面对攻击时做出逃跑反应。但是，如果SA轴和HPA轴被频繁激活，同样的生理反应亦可能造成不良的健康影响。研究显示，经常遭受压力的人，会面临免疫功能障碍和心血管疾病等诸多问题，包括心律失常、抑郁、肥胖、记忆力下降，甚至过早死等。上述生理压力反应原理，为采用多种生理指标、旨在证明自然减压的相关研究提供了可靠的理论依据。

## 2. 压力在人类进化过程中的不同作用

压力本身不是疾病，适度的压力反应有利于提高个体的心理、生理和行为效率，但是长期过度的压力反应便会演变为身心机能失调乃至病变。对生活在大自然中的人类先祖来说，压力对他们的生存至关重要。原因是他们经常面临如野兽攻击、自然灾害等生存威胁，当遇到挑战或威胁时，压力反应中的"或战或逃反应"会被迅速激活以消除威胁，而当威胁消除之后压力反应也就结束了。然而对现代人类，尤其是城市居民来说，长期暴露于交通噪声、空间拥挤、空气污染、繁重工作、信息刺激等各种压力源当中，使个体的身心资源过度消耗，容易引起压力过载和精神疲劳等问题。与原始压力情境相比，以高密度人工要素为主要特征的现代人居环境中，人类很难做出"或战或逃反应"来消除威胁，由此压力反应往往持续很久，进而引起诸多不良反应。也就是说，压力反应是先天固有的反应，但是在人类的不同发展阶段所面临的压力情境差异较大，压力已经成为威胁现代人类健康的主要因素。

## 3. 自然减压的原理

乌尔里希在构建减压理论时，首先对以往的压力理论进行了补充。以往的压力理论关注刺激导致压力，而压力恢复或者减少似乎只要在不存在压力源的环境中就可以自动恢复，但事实情况是否真的如此？乌尔里希认为，压力反应过后还涉及压力的"恢复性反应"

（restoration/recovery response），即压力反应过程中出现的心理状态、生理活动、行为变化等的恢复或复原，其中心理恢复的主要内容是情绪状态的积极变化，如恐惧、愤怒等消极情绪水平降低。在此基础上，他进一步借用进化论观点，将自然减压追溯至人类进化过程中进行压力的恢复性反应时对某些自然特征的依赖。

进化论观点认为，由于人类的大部分进化过程是在自然环境中完成的，在某种程度上人的生理甚至心理更加适应于自然环境，因此对植被、水体等自然要素以及进化过程中有利于人类生存繁衍的自然结构的偏好是一种不学而会的先天倾向。根据先前的理论建构和研究证据，乌尔里希将先天倾向扩展为情绪、认知、生理和行为等多方面的积极变化，并认为即时、无意识启动的情绪反应在对自然环境的初始反应中具有重要作用，其会对认知过程、生理反应和行为变化产生重要影响。进一步认为，这些积极反应在早期人类的生存环境中是自相适应的，原因在于它们共同激活了有利于人类存续的趋避行为（类似或战或逃反应）。依赖于自然环境的特征和个体先前的情感、认知或生理状态，适应性反应可以在"压力—逃避"与"恢复—趋近"行为范围内变化。一个典型的例子是，当处于危险情景时（如遇见毒蛇或处于悬崖边缘），个体的适应性行为会产生压力影响，在这种情境下快速启动的消极情绪反应（如害怕、厌恶等）会触发适应性的生理活动，并迅速激活逃避行为，这一过程中只需要少量的认知活动。但是这一系列应对过程带来了消极情绪、能量消耗和生理唤醒等压力反应。如果威胁情境被解除，在其后遇到有利于个体生存的环境（类似非洲大草原的环境或有水的环境）时，人类先天的恢复性反应便会自动降低消极情绪和高生理唤醒水平，从而得以迅速补充能量让他们能够趋近食物、水源和其他有利因素。也就是说，在逃避和趋近过程中积极情绪替代了消极情绪，生理唤醒从高水平转换为低水平。

上述观点意味着，进化过程中对无威胁的自然内容或配置做出恢复性反应的能力，对人类而言是一个巨大的优势。现代人类可能具有某种生物性准备，从而在许多无威胁的自然环境中快速、轻松地获得恢复性反应，但是对大部分城市和建成要素及配置没有类似的生物性准备。

## 2.1.3 ART 与 SRT 的区别及联系

### 1. ART 与 SRT 的区别

（1）两个理论在个体对自然环境的初始反应上是否有认知参与持不同意见：SRT 强调自然环境对情绪的触发是即时且无意识的，这种反应没有认知的参与，认知是一个相对缓慢、意识、推理的过程，情绪反应是人类对自然景观的初始反应，它可能是塑造积极的心理、生理和行为状态的关键；ART 则主张个体的初始反应包含了认知加工，而且这种认知加工可以是无意识的、快速的。

（2）两个理论关注的重点不同：SRT 主要关注由压力情境引起的情绪和生理反应，而 ART 主要关注日常信息处理过程中损耗的定向注意资源。

## 2. ART 与 SRT 的联系

尽管观点不一，两个理论之间仍有诸多共通之处：

（1）它们都是从环境心理学的环境"主体—客体"的角度，来看待环境对人的健康的影响；

（2）它们都基于进化观点，共同假设人类对自然环境有一种强烈而一致的先天积极趋向，现代人类正是因为继承了这种先天偏好，从而可以从包括日常所见的城市自然在内的大部分自然环境获益；

（3）它们都认为心理恢复来自和环境的接触，而且恢复的前提都是个体的机能、资源处于正常水平以下；

（4）它们都没有断言心理恢复只能在自然环境中发生，也没有表明所有人工环境都缺乏恢复性。两个理论都认为部分自然环境可能不具有恢复性，原因在于它们被人感知为危险的事物，如具有威胁性的动植物；而如历史街区、博物馆或宗教寺院等人工环境也可以产生心理恢复效益，原因在于它们在某种程度上具备了吸引、远离、丰富和相容等恢复性环境属性。

卡普兰于 1995 年对两个理论进行了整合。他首先辨析了生理压力和心理压力，认为前者关注自主神经系统对挑战或威胁的反应，后者则是个体关于是否有足够的资源来应对给定的挑战的认知评估，而且它们不是独自发生的。在此基础上，他进一步区分了导致压力的原因，认为威胁（harm）和资源不足（resource inadequacy）是导致压力的主要原因，其中资源用于威胁的评估，而以信息处理为主要功能的定向注意是重要资源之一。由于个体在对瞬时伤害的评估过程中也需要信息处理并伴有情绪变化，在这种意义上减压理论可被纳入注意力恢复理论，并将其合称为"恢复性环境理论"。

# 2.2 长期获益相关理论

注意力恢复理论和减压理论预测并解释了接触自然对人的情绪状态、生理活动以及认知功能的改善，而且得到了后继大量实验类研究的证实。但是，仅限于在实验期间（数分钟、数小时至数天）证实，对于长期的自然接触是否能获得稳定的心理生理改善，以及这些心理生理状态的改善是否是大规模横断面研究中观察到的长期健康获益（如抑郁风险降低）的原因，它们均没有明确回应。此外，这两个理论所解释的短期健康获益均要求被试人群事先处于精神疲劳或压力状态，对于健康人群是否能从日常自然接触中获益尚缺乏研究。因此，有学者试图借用一些描述了更为稳定的人与自然关系的理论，来解释自然环境与长期健康获益之间的关系。

## 2.2.1 亲自然假说

社会生物学家威尔逊（E. O. Wilson）于 1984 年提出了"亲自然假说"（biophilia hypothesis），试图从生物进化的角度解释人与自然的关系。该假说认为，作为生物进化过程中的一部分遗存物种，人类天生具有与其他生命形式相连接的欲望，很容易被吸引至人类史前生活中有利于生存的地方，如既可获取食物又可躲避危险的"稀树草原景观"（savanna-type landscapes）。该假说的立论依据是，人类自诞生以来的 300 万年基本生活在草原、森林等绿色环境，直到五六千年前进入文明史阶段才逐步走出自然，从事农耕、建立城市，直至进入工业社会。从时间跨度来看，人类在人工环境中生活只属短暂一瞬，因此不可避免地保留亲近自然的欲望。现代社会生活中的亲自然现象是易于理解和常见的，如人们爱在办公室摆放绿色盆栽，观看和触摸绿叶使人心情愉悦；人们爱挑选有流水鸟鸣的绿色环境与亲友聚会，温室里的生态餐厅也广受欢迎；人们爱选择窗外视野更好的住宅，能看见公园、远山和海景的户型往往具有更高的商业价值。

威尔逊认为亲自然性是个体发展的必要生物基础，其中包括对健康的促进作用。亲自然性因为属于满足人类生存需要的有益性状，所以才经历漫长进化保留至今。在自然选择条件下，拥有特定品质的早期人类得以生息繁衍，这些特点不仅包括觅食能力、哺育后代能力，还包括适应自然环境并从中获得伤痛缓解、精神抚慰等恢复力的技能。换言之，因为人类拥有亲自然性，所以才可以通过经常性地接触自然来促进身体、情感和智能方面的舒适与健康。虽然基于生物进化立场的亲自然假说的理论架构相当完整也颇具说服力，但是目前很少有实证研究能完全证明亲自然性假说，或者说几乎没有研究能确认自然对健康的益处是先天固有的还是通过人类后天学习形成的。

## 2.2.2 地方感理论

在人地关系研究中有一个共同关切的问题，即人对某个地方的情感、感知与认知为什么会随着时间的推移而累积，并形成关于这个地方的稳固的"地方感"（sense of place）。地方感的含义较为宽泛，可从三个层面来理解：①地方依恋（place attachment），指人与特定地方之间建立起的情感联系，以表达人们倾向于留在这个地方并感到安全、舒适和有归属感的心理状态；②地方认同（place identity），反映了人与特定地方建立起的认知联系，以表达人地互动过程中个人与群体将自身定义为某个特定地方的一分子，从而通过地方来构建自身在社会中的位置与角色；③地方依赖（place dependence）则被用于解释人对特定地方的功能性依赖，如在这个地方开展期望的活动或达到预期的目的。

尽管目前没有研究能完全揭示地方感在"自然环境—长期获益"关系上的复杂作用，但在地方感的单一层面上有一些积极的探索。例如，阿恩伯格（A. Arnberger）等认为地方依恋联系自然环境与心理健康的原因可能在于，自然环境提升了人们的舒适感、归属感和社区依恋感，反过来，这些感受可以培养个体的稳定感、熟悉感和安全感等心理健康的关键成分。有关地方依恋与长期获益的研究表明，地方依恋可以使人在某一特定地方寻找到原本已经失去的自我意义进而重新树立人生目标。与此同时，地方依恋也可以对长期健康产生负面作用，如与个人情感依恋的环境消失或退化时心理健康可能受到负面影响。在自然环境与地方依恋方面，近期大量研究致力于探索自然环境在塑造人们喜欢或依赖的地方的作用以及随后的健康效益。此外，克利里（A. Cleary）等认为地方认同也在自然环境与长期健康获益之间起重要作用。地方认同的一个关键成因是连续性（continuity），即一个地方能够经常唤起并保持个体的自我认同（self-identity），而自我认同又是心理健康的一个重要因素。某一特定地方（如喜爱的城市公园）可以使个体保持连续的自我认同的原因可能是，其为个体提供了自身过去和当下行动的参照物。基于这一原理，个体为了保持连续的自我认同，便会有意识地寻求能提供这种地点参照的地方或与之具有共同点的地方，从而维护了自身心理健康。不过，目前很少有研究检验地方认同、自然环境与长期健康获益之间的关系。

另一与"地方感"紧密相关的概念"康复景观"（therapeutic landscape），也常被用于解释自然环境与长期健康获益的关系。康复景观专指如宗教朝圣地等具有稳定的心理治疗作用的特定地方。其治疗原理可能在于，这一特定地方的自然环境、建成环境、象征环境、社会环境和身处其中的人的感知，综合创造了一种能起到稳定治疗作用的环境氛围。然而，这些要素间究竟如何共同作用于健康，以及同一康复景观对不同群体或个人是否作用一致等问题仍难以厘清。

以上理论基于先天固有或后天学习的不同立场，从人类与自然的共同进化（亲自然假说）、人与地方之间在情感和认知上建立起的积极或消极联系（地方感）以及人对自然环境治疗属性的感知（康复景观）等方面，探索了人与自然之间的关系，从而深化了后继研究对于这一关系的理解。然而，正如克利里等所说，虽然它们为自然环境与长期健康获益之间关系的解释提供了富有价值的探索，但其在细节内容、实证研究、观点的一致性等方面仍不够完善。因此，上述有关自然环境与长期健康获益之间关系的理论解释在本书中仅起辅助理解的作用。

# 2.3 本章小结

人与自然、自然与健康之间的关系是非常复杂的，完全揭示这些关系还有大量工作要做，尤其需要理论假设之后的科学验证。本章阐述既有理论的主要内容和构建过程的目的在于，一方面从理论层面解释自然环境与人的健康之间的积极关系，另一方面作为必要组成部分构建本书关于"自然是否、为何、如何影响健康"的知识体系。其中，环境心理学领域的注意力恢复理论和减压理论可为本书所引实验类研究结论的理解提供参考；生物进化领域的亲自然假说和人文地理学的地方感、康复景观理论可为本书所引横断面研究结论的理解提供参考。

第 **3** 章

自然

如何影响健康

——关联路径

构建

城镇化尤其高密度化带来的重要影响之一是城市自然退化。退化的城市自然必然难以发挥多维的健康效益，除非借助一定的措施予以干预，而高效的干预依赖于对"自然与健康的关联路径"（也即自然如何影响健康）这一过程的理解。诚然，既往实验类研究揭示了个体水平上自然与健康的因果关系，横断面研究揭示了人群水平上自然与健康的相关关系，由此基本证实了自然环境的健康促进作用。但是，这些研究属于"自然是否影响健康"的基础研究范畴，还不足以支持实践应用。因为多数情况下健康效益的获取，不仅要求自然能提供促进健康的机会（具备促进健康的能力如心理恢复），还要求这些机会能为人们所利用。因此，有必要进一步对自然与健康的关联路径进行讨论分析，为旨在提升"自然—健康"转化效率的实践应用提供研究支持。

过去大部分研究在证明二者关系时对"自然暴露"环节进行了控制，实验类研究中因果性结论成立的前提是事先要求被试接触自然，横断面研究中指标的显著相关性可能源于多数被调查者经常使用自然环境。进而，先验地默认了"邻近自然环境的人们一定会进入并使用自然"的假设。尽管这一先验假设不妨碍数理分析的显著性，乃至证实自然环境的健康效益，但是以当前研究证据为基础构建的自然与健康关联路径中暗含的"线性"假设，会使实践者误以为自然环境的存在即等同于健康效益的产生，从而将实践重点放在如增加数量、提高邻近性(proximity)等常识性措施上，而不注重使用者的多层次需求和自然环境的差异化供给，以至于因供需不匹配导致人们没有真正使用自然以及从中获益。

这一问题并非没有引起既往研究的关注，但多数仅将其作为"不足之处"，未深入系统地进行研究。由此，目前仅建立了自然与健康的"理论"关联路径，即在特定条件下才能确立的自然与健康的联系。在现实世界中，经由"使用自然"(use of nature)环节联结二者的过程受多重因素的干扰，如性别、年龄、经济状况等人口学因素，场地面积、组成要素、设计布局、游憩设施等自然环境特征，以及社会文化背景和当地气候等。换言之，自然与健康的"现实"关联路径要经过这些第三方因素影响之后才能达成，其可能与"理论"关联路径具有较大差异。然而，目前很少有研究关注经过这些第三方因素影响之后，自然与健康的关系是否成立及何种程度上成立的问题。对此问题的忽略将会直接影响实践应用的效率，即使是在自然环境的健康效益被完全确认的情况下。

因此，作为本书关于"自然是否、为何、如何影响健康"的知识体系的重要组成部分，本章将在述评自然与健康"理论"关联路径的基础上，分析讨论现实世界中自然与健康的联系过程并构建"自然与健康现实关联路径概念模型"。其目的在于，一方面通过对"理论"与"现实"关联路径的对比，明确当前科学研究与实践应用的差距；另一方面通过对"自然与健康现实关联路径概念模型"的构建，提出若干有利于强化相关研究应用价值的近期和远期建议。其中，近期建议为本书依托高密度城市小微公园绿地的实证研究提供理论依据。对于以上内容的组织，将在生态系统服务视角下进行，原因是自然与健康的联系归根结底是人们从自然生态系统中获取有益健康的生态系统服务。以相对较为成熟的生态系统服务原理分析评价自然与健康的关联过程，不仅有利于形成简明完整的逻辑关系，还有利于与生态学研究的整合。

# 3.1 生态系统服务与健康

## 3.1.1 生态系统服务及其分类

"生态系统服务" (ecosystem service) 概念可追溯到 19 世纪的一些论著，但该词的使用和其现代定义是 20 世纪 70 年代才出现的。在 20 世纪 90 年代，生态系统服务研究得以迅速发展，尤其是 2005 年出版的《千年生态系统评估报告》为生态系统服务研究的蓬勃发展起到了关键的推动作用。

《千年生态系统评估报告》将生态系统服务定义为人类从生态系统中获取的效益，并将其分为四个方面：①支持服务 (supporting ecosystem service)，指提供生物生境、生物多样性、生物地球化学循环以及传粉与能量传播；②供给服务 (provisioning ecosystem service)，指食物供给、水源供给、木材供给与基因资源供给；③调节服务 (regulating ecosystem service)，指气候调节、水质净化、噪声调节、极端气候调节、径流调节与废弃物处理；④文化服务 (cultural ecosystem service)，指通过精神满足、认知发展、反思、休闲游憩与审美体验等获取的效益。同时，明确指出，生态系统服务与人类福祉间的相互关系将是引领 21 世纪生态学发展的新方向。在这几种服务中，支持服务是产生并支持其他服务（供给、调节与文化服务）的基础；从存在形式来看，支持、供给和调节服务可归为一类，它们一般表现为有形的、客观的、可量化的物质效益；文化服务可单独成类，主要表现为无形的、主观的、难以量化的非物质效益。

## 3.1.2 生态系统服务与健康

《千年生态系统评估报告》基础上发展起来的生态系统服务"级联模型" (cascade

model）认为，从生态系统到人类福祉，中间要经过"生态系统功能—生态系统价值—生态系统服务"的级联关系转化。其中，生态系统功能（或称之为中间服务）是生态系统的生物物理结构相互作用和生态系统过程的结果，是产生生态系统服务（最终服务）的基础；生态系统价值是生态系统功能转化为生态系统服务的条件，或者说只有当功能具有价值时才能转化为服务；生态系统服务对应上述四种服务，是生态系统功能对人类福祉的直接贡献，与人类福祉直接相连（图3-1）。因生态系统价值来源的不同，文化服务与支持、供给和调节服务在联结生态系统与人类福祉的过程上具有明显区别。具体到"健康"这一人类福祉的重要组成部分，不同生态系统服务的级联转化过程如下：

对支持、供给和调节服务而言，功能转化为服务时的价值主要来源于先赋价值，即由生态系统的生物物理结构和过程赋予生态系统功能的价值，如植被缓解城市热岛效应的功能，依赖于叶面的热辐射反射及蒸散等生物物理作用。此时，"功能—价值—服务"的级联转换是在生态系统内部完成的，一般不需要人的直接参与。正因如此，支持、供给、调节服务可被统称为"生物物理服务"（biophysical services）。经由生物物理服务影响健康的过程是直接的，如植被通过净化空气或缓解城市热岛效应，可降低呼吸道疾病和如中暑等热疾病风险。此过程中，生态系统退化会直接减少生物物理服务的数量和质量，进而给人的健康带来消极影响，反之则有积极影响（图3-2）。

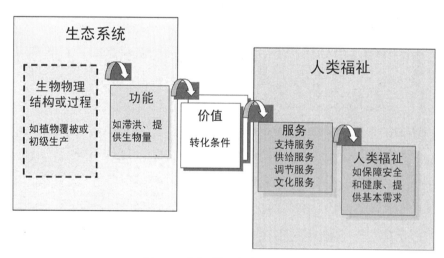

图3-1　生态系统服务的级联模型
来源：DE-GROOT R S, ALKEMADE R, BRAAT L, et al. Challenges in integrating the concept of ecosystem services and values in landscape planning, management and decision making[J]. Ecological Complexity, 2010, 7(3): 260-272. 作者改绘

对文化服务来说，生态系统功能转化为生态系统服务时的价值除先赋价值外，更大程度上依赖于人们对生态系统功能的后赋价值。例如，植被创造游憩空间的功能，除了与植被本身在空间建构方面的作用有关外，很大程度上需要被人使用才能转化为游憩服务。此时，"功能—价值—服务"的转换需要人的参与才能发生。后赋价值也被称为"文化价值"(cultural value)，是指由个体、群体或社会赋予生态系统功能的价值，此类价值因人的参与而易于随着时空条件的变化而变化。也就是说，不是每个生态系统功能具有固定统一的文化价值。更通俗来讲，生态系统文化服务的产生不仅依赖于生态系统的生物物理作用，一般情况下还需要人们真实地使用或接触自然环境，即要现场"消费"和体验。经由文化服务影响健康的过程是间接的，如由植被构建的游憩空间可能因安全、舒适、宜人而吸引人开展体力活动，进而缓解肥胖、抑郁和其他生活方式病。此过程中，一方面，生态系统退化会致使生态系统功能减弱，由此人们给这些功能赋予价值的机会减少，进而从中获益（文化服务）并提升健康的可能性降低；另一方面，即使生态系统的结构、过程和功能良好，如果缺乏人的参与使用，从中获益和提升健康的可能性同样会降低（图3-2）。

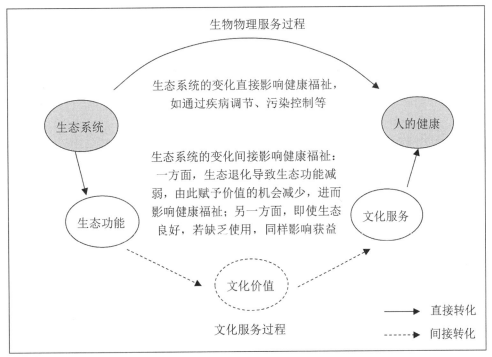

图3-2 生态系统服务与健康的关联过程

来源：CLARK N E, LOVELL R, WHEELER B W, et al. Biodiversity, cultural pathways, and human health: a framework[J]. Trends in Ecology & Evolution, 2014, 29 (4): 198-204. 作者改绘

### 3.1.3 文化服务与居民健康

在不同的社会生态环境中，上述生态系统服务对人的重要程度具有较大差异。作为人口密集、资源消耗巨大、生态脆弱的城市，所需的生态系统服务大多来源于周边或远地的其他生态系统。在城市生态系统中，支持服务仍旧是其他服务的基础与源泉，供给服务所占的比重较小，调节服务与文化服务占据较大的比重，对提高人类福祉有着重要作用。特别是在快速城镇化和高密度化的背景下，文化服务可能是各种城市绿地最有价值的贡献。因为其是众多生态系统服务的末端服务，对人类的健康福祉具有直接影响，同时其代表了城市环境中弥足珍贵的自然体验。近年来有学者认为，长期以来学界过分强调城市绿地生物物理效益、忽视社会文化效益（尤其是公共健康效益）的研究取向，是导致目前城市绿地投入和建设重生态轻社会现象的重要原因，但事实上就节约经济成本而言，以公共健康效益为代表的社会文化效益更应成为投资和建设的重点，因为城市绿地的社会文化效益相对生物物理效益对于节约经济成本的潜力更大。尽管此观点有待验证，但也从侧面反映了学界对包括促进城市居民健康在内的城市生态系统文化服务重要性的反思。

综上所述，根据存在形式及联结健康福祉过程的不同，生态系统服务可被分为生物物理服务和文化服务两大类；具体到城市生态系统，有关健康福祉的研究尤其要关注生态系统文化服务（本书亦侧重于此并以生物物理服务为参照进行分析）。

## 3.2 理论关联路径述评

### 3.2.1 理论关联路径形成背景

据本书 1.4 节，既往大量关于"自然是否影响健康"的研究基本证实了接触自然过程中的健康效益。不难发现，这些效益大多仅是与健康相关的中间效益（简称中介效益）而不是直接指向健康改善的最终效益（简称健康结局）。前者如体力活动增加、社会交往提升、生理活动向好、情绪状态转变和认知功能改善等，后者如疾病状态改善和疾病发病率下降等。由此带来的问题是，这些中介效益是否是另一些研究发现的健康结局的原因。此问题涉及从自然环境到中介效益，再到健康结局的作用机制（或称路径），对于干预效率的提升至关重要。因为只有在充分了解机制的情况下，才能对目标健康结局做出针对性干预。然而，受各环节间转化时间的制约，目前几乎没有研究从因果关系上追踪"自然环境—中介效益—健康结局"的完整过程。尽管如此，仍有大批学者根据现有研究证据构建了相应的路径模型。该项工作不仅有助于理解自然与健康的关联路径，还可以为未来研究提供多种思路和线索。

综合文献来看，在众多路径模型构建中以下学者的贡献较为突出。德弗里斯（S. De-Vries）等认为，自然环境通过缓解压力、提高体力活动、促进社会凝聚3条路径产生积极的健康效益。哈蒂格等对此进行了扩展，认为自然与健康的联系通过4条路径达成，包括人与自然环境交互过程中产生的心理恢复、体力活动、社会凝聚以及自然本身对不良环境暴露的减少。在此基础上，尼乌文胡伊森（M.J. Nieuwenhuijsen）等加入了"微生物多样性假说"和"生物假说"路径，并认为它们是目前较少被研究但很有潜力的路径。关于微生物多样性假说，研究表明自然接触的减少相应地会使与人类共生的微生物群落数量减少，进而与之相关的免疫调节能力减弱；关于生物假说，研究表明自然暴露可通过自然环境中的低浓度天然化合物和毒素的细胞信号系统抑制作用带来健康益处。同样基于哈蒂格等的工作，郭明（KuoMing）等提出21条路径并将其归纳为环境、生理心理以及行为相关的三大类。其中，环境类指有益于健康的特定环境条件，包括植物挥发的芬多精、森林中的空气负离子、生物多样性，以及自然景象和声音等；生理心理类指接触自然后短期的生理心理效益，包括保护心脏的脱氢表雄酮增多、阻碍动脉硬化的脂联素增多、免疫功能增强等生理途径，以及心理恢复、精神活力等心理途径；行为类包括提升体力活动、减少肥胖、改善睡眠和促进社会关系。同时指出，自然暴露过程中免疫功能提升在所有路径中起关键作用。

以上路径模型均借助统计学的"自变量—中介变量—因变量"中介模型（图3-3），来阐释"自然暴露—中介效益—健康结局"之间的关系。其中，如果自变量（X）通过影响变量M来影响因变量（Y），则称M为中介变量（mediator）。

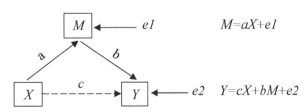

图3-3　中介模型示意

来源：温忠麟，侯杰泰，张雷. 调节效应与中介效应的比较和应用 [J]. 心理学报,2005,37(2):268-274.

## 3.2.2 理论关联路径主要内容

据克利里等研究，目前以上路径模型中引用率最高的是由哈蒂格等人提出的，包含心理恢复、体力活动、社会凝聚和不良环境暴露减少的路径模型（图3-4）。该模型不仅指明了现阶段每个路径中各环节间关系的建立方法、证据强度、可能的理论解释，还包含了依赖于人与自然交互作用和自然本身作用等不同维度的路径，并且反映了不同路径之间交叉重叠而非独立存在的路径间关系。因此，以下以此为例介绍自然与健康的"理论"关联路径将更有利于说明问题。

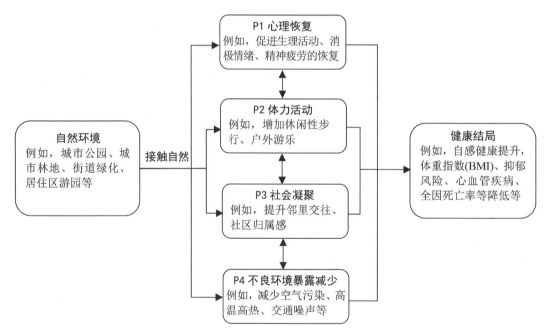

图3-4　自然与健康的理论关联路径模型
来源：HARTIG T, MITCHELL R, DE VRIES S, et al. Nature and health[J]. Annual Review of Public Health, 2014(1): 207-228. 作者翻译

## 1. 心理恢复路径

该路径中，心理恢复（心理压力和精神疲劳的恢复）与健康的关系是相对明确的。长期的压力反应会使交感神经系统兴奋持续增强，由此使体内激素分泌增加、器官运转加速并会消耗大量能量，长此以往就会演变成机能失调并伴有心血管系统、神经激素系统病变的可能，进而引起糖尿病、抑郁、感染等。精神疲劳是导致压力的主要原因之一，由此精神疲劳也会对健康产生不良影响。

该路径的另一侧"自然环境—心理恢复"，无论证据强度还是机制解释都相对其他路径更加可靠。此二者关系的确认通常采用实验和准实验方法（见本书 1.4.1 节）。自然环境可通过两种方式促进心理恢复：①通过增加与环境压力源的物理距离或降低其知觉显著性，来减少不良环境的暴露，如住区与道路之间的植被防护带可以削减噪声，住区周围的植被可以增强私密感、减少拥挤感，植被还可以隐藏如垃圾场等不良环境；②通过增加与各种威胁和需求的心理距离来促进心理恢复。关于后者，"减压理论"的解释是进化过程中形成的人与自然的积极联系，使人在遇到无威胁的自然环境时可以迅速地唤起积极情绪，进而阻断消极情绪、不良感受以及降低生理唤醒等；"注意力恢复理论"认为其原理在于自然环境本身具备的远离、魅力、连贯和相容属性，能使个体进入无须努力也不需要投入大量精力的自发注意模式，从而使另一类对人类至关重要但需要努力和大量精力才能保持的定向注意得以恢复。可以说，目前已经确认了自然环境对心理恢复的作用，但这些积极作用都是短期健康获益。

关于"自然—心理恢复—健康"三者间的联系，有学者推测心理恢复的累积可能是自然环境影响自感健康、心血管疾病发病率等的主要路径。但是，目前很少有研究确认其中介作用，原因是心理恢复指标的短时性很难在研究中控制。

## 2. 体力活动路径

该路径中，体力活动对健康的影响已被科学证实。积极的体力活动不仅有益于生理健康，如增强肌肉和骨骼、避免心血管疾病、糖尿病、高血压、骨质疏松症和肥胖等，还有益于心理健康，如改善情绪、焦虑、抑郁、和睡眠质量等。

该路径的另一侧"自然环境—体力活动"关系的建立往往采用横断面方法。一项涉及 50 项横断面研究的系统综述显示，其中 35 项研究发现了绿地数量越多体力活动频率越高的正相关关系（20 项强相关、15 项弱相关），2 项研究发现二者间呈负相关关系，另外 13 项研究则没有发现二者间的任何关系。可见，虽然自然环境常被当作开展体力活动的良好场所，但是二者间的正向数理关系并不总是成立。关于自然环境促进体力活动的机制，一般认为是因自然环境为某些活动（如休闲游憩）提供了合适的场地或提供了某种体验（如精神放松）吸引人进入，而在参与活动时不可避免地会产生体力活动。

另外，体力活动作为联结自然与健康的一个重要路径，三者间关系的建立一般采用统计学中介分析方法，如研究发现游憩性步行在自然环境与总体健康的联系上起中介作用。但需要指出的是，此类研究的中介分析数据大部分来自横断面调查，不同研究间所得结论并不一致。

## 3. 社会凝聚路径

如同体力活动，大量研究证实了社会凝聚与健康之间的显著关系。良好的社会关系可通过增加安全感、提升自信心、减少孤独感以及缓解压力事件等，进而产生积极的健康效益。

该路径的另一侧"自然环境—社会凝聚"的研究相对较少，远不如自然环境与心理恢复或体力活动受到的关注多。但是，这些研究较为一致地报告了自然环境对提升社会凝聚的积极作用，如被调查者社会凝聚感与社区绿化率的正向关系，再如街区绿化水平越高，社会凝聚感越良好。其中，弗朗西丝·郭等的准实验研究相对更具说服力。他们以居住在同一社区不同居住单元的居民为被试，比较了住房周围绿化水平不同的被试在社会交往上的差异。这些被试均居住在高层建筑内且具有相似的人口特征，显著不同的是住房周边的植被数量。结果显示，相对于绿化水平较低的被试，绿化水平较高的被试与其他社区居民的非正式社会接触更多。然而，目前尚缺乏关于自然环境与社会凝聚积极联系的有力解释，通常认为是因为前者提供了方便邻里交往集会的场所。

另外，一般采用统计学中介分析方法建立"自然—社会凝聚—健康"三者间的关系。例如，研究发现孤独感和缺乏社会支持在住区 1km 范围内的绿地数量和总体健康之间起中介作用。同体力活动一样，基于横断面数据的中介分析结论在不同研究间并不一致，如研究发现社区感、社会支持并不能在公园绿地质量与精神健康的联系上起中介作用。

## 4. 不良环境暴露减少路径

植被（如乔木、灌木及其他）可通过影响空气环境质量而对人的健康产生作用。此过程既可能是积极的也可能是消极的，如某些植被可通过吸附气体污染物和细颗粒物 (particulate matter, PM) 减少呼吸道类疾病，而另一些植被会因释放花粉而加重过敏性疾病。关于作用机制，植被对气体污染物的削减依赖于叶表面及叶气孔吸收或吸附作用，固体颗粒物则可能在植被的叶面及其他部位沉积。与此类似，以植被为主的自然环境还可以通过其他生物物理作用，对环境噪声、热岛效应及水体污染等产生影响。由于"不良环境暴露的减少"联结自然与健康的过程是相对清晰的，同时其在本书中只作为解读其他路径时的参照，这里不再赘述。详细内容参见哈蒂格等、马尔可维奇 (I. Markevych) 等的综述。

概言之，当前研究构建的自然与健康的关联路径可表述为：以自然要素为主体的景观环境可提供审美、放松、远离等利于心理恢复的机会，经由心理压力和精神疲劳的恢复，提升生理心理健康；可提供安全、易得、富有吸引力的体力活动场所，经由体力活动的增加，促进生理心理健康；可提供邻里交往的场所，经由积极的社交活动，形成良好的心理和自感健康；可减少空气污染、高温高热、环境噪声等不良环境暴露的影响。另外，这四个路径并不是彼此独立的关系，当身处自然时它们中的一个或几个往往同时作用，如在自然空间中开展体力活动既可锻炼身体又可放松心情，还可以享受良好的微气候环境。

### 3.2.3 理论关联路径问题分析

以上基于既往研究证据和统计学中介模型构建的"自然环境—中介效益—健康结局"路径，除了缺乏关于此完整过程的因果性证据外，还先验地默认了"邻近自然环境的人们一定会进入并使用自然 (where people have nearby green spaces, they will use them)"的假设。关于后者，如本章引言所述，尽管该假设可能不妨碍自然与健康之间关系的成立，但它忽略了科学研究和实践应用之间的差距。或者说，这只是科学研究迈向实践应用的第一步，还不足以支持实践应用。

上述路径中，除不良环境暴露减少外，其余路径成立的前提都是要保证"自然暴露"环节的发生，即要被试接触或使用自然环境（图3-5）。具体来说，大部分实验类研究提前规定了自然暴露方式，如静坐、散步或慢跑等；自然暴露依托的环境类型，如生态林地、城市公园或街道绿化等；接受自然暴露的人群，如儿童、成年人或老年人等；大部分横断面研究中人群健康指标和自然环境指标的显著相关性，可能源于多数被调查者经常使用自然环境。问题在于，现实世界中这些因控制混淆变量而设置的"实验规定"并不存在，横断面研究结论也并不总是成立。人们是否或以什么方式以及在怎样的环境中接受自然暴露，会因自身和环境有关的诸多因素的不同而有较大差异，进而可能产生不同的中介效益，最终带来不同程度甚至与期望相反的健康结局。

对此，基于自由人群 (free-living population) 的部分未发现一致结论的横断面研究可进一步佐证。例如，有研究分析了住宅 1km 范围内的绿地数量与经过专业医师评估的发病率（焦

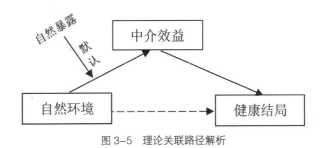

图3-5 理论关联路径解析

虑症、抑郁症）的关系，发现儿童和低收入人群相对于其他人群在绿地数量越多发病率越低的统计相关性上更加显著。另一研究发现，居民的体力活动与生活空间中的公园数量及距离显著相关，但是女性相对于男性在这一关系上的表现更为明显。还有研究检查了住宅 1km 范围内绿地类型与儿童体重的关系，发现可在此范围内获得包含游乐设施的绿地的儿童，相对于不包含游乐设施的绿地的儿童被评估为健康体重的可能性要高 5 倍。诸如此类研究表明，现实世界中不同人群的表现差异可能源于联结自然与健康的"自然暴露"环节上的不同，即使他们面对同等条件的自然环境。由此可见，心理恢复、体力活动和社会凝聚路径在现实世界中并不总是成立，只能被称为"理论"关联路径。

以上现象表明，有必要进一步分析现实世界中自然与健康的关联过程，也即自然与健康的"现实"关联路径。否则，将会造成实践应用的偏差。一个简单的例子是，以促进某一社区儿童锻炼为目的的社区公园游乐设施更新项目，如果只将项目重点放在老化游乐设施的更换上，则可能会因忽略了儿童兴趣的变化（如随着该社区儿童年龄的普遍增长，其兴趣发生变化）而出现很少人使用的情况，也就无法达到促进儿童体力活动的目的。正因如此，以下内容将根据现有相关研究，进一步对自然与健康的现实关联路径进行分析，并依据生态系统服务原理和统计学"中介—调节"原理尝试构建相应的概念模型 (conceptual model)。这一工作，有助于探索理论关联路径和现实关联路径的异同，为今后该领域从基础研究向应用研究的转变提供一定的理论参考。

# 3.3 现实关联路径构建

## 3.3.1 现实关联路径分析

理论关联路径中的一部分通过改变物理环境直接降低致病风险，如对空气污染的削弱可直接减少呼吸道疾病风险，此过程不需要个体有意识地参与体验便可获益，对应生态系统生物物理服务，可被称为"生物物理服务路径"；与之不同，其余大部分路径是通过促进有益健康的行为（如体力活动、社会交往）或是改变人的生理心理状态（如心理压力、精神疲劳）间接地影响健康。这些间接效益实质上是使用自然之后产生的结果，而使用自然表示人对生态功能的价值赋予。因此，这些路径对应生态系统文化服务，可被称为"文化服务路径"。

理论关联路径基于一种线性假设 (linear assumption)，假定初始环节处自然环境数量增加或质量提高（如增加植被多样性），会产生更多积极的健康结局。但是，现实情况表明该假设仅适用于生物物理服务路径。对文化服务路径来说，此线性关系可能被很多与"自然暴露"有关的因素打破，如自然暴露的方式、自然暴露所依托的环境类型、接受自然暴露的人群等，进而可能出现双向或不同程度的结果。这些因素被称为自然与健康关系的"调节变量"(moderators)。所谓调节变量，是指"如果因变量($Y$)与自变量($X$)的关系是变量$M$的函数，即$Y= f(X, M)+e$，则称$M$为调节变量"（图 3-6），其作用是影响因变量和自变量之间关系的方向（正或负）和强弱。相对于文化服务路径，现实世界中生物物理服务路径受调节因素的影响较小。因此，其不作为进一步分析的重点。

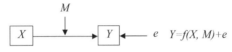

图 3-6 调节模型示意图

来源：温忠麟，侯杰泰，张雷.调节效应与中介效应的比较和应用 [J]. 心理学报,2005,37(2):268-274.

文化服务现实路径涉及繁芜冗杂的中介因素和调节因素，完全厘清这些因素是困难的。因此，以下分析的目的仅在于解释说明，而不在于给定结论。

以"绿色运动"为例，其理论关联路径一般包括 4 个线性环节：如由一定数量和种类的植被组合而成的公园绿地（自然生态系统）（第 1 环节，编号①），凭借调节温度、提供树荫或绿化空间等生物物理作用，使其具备改善局地气候和美化环境的生态系统功能（第 2 环节，编号②），因安全、舒适、自然等特性而吸引人们进入其中并开展体力活动（生态系统服务）（第 3 环节，编号③），产生诸如心脏病、高血压和肥胖症风险降低等健康结局（第 4 环节，编号④）。但是，现实世界中②和③之间，可能因个体的可自由支配时间、身体状况、可选择的其他体力活动机会（如体育馆），公园绿地的可达性以及当时的天气状况等因素的影响，而出现是否进入其中的两种可能，如果受以上因素的约束而没有进入的话，则不会发生后续环节，由此自然与健康的联系中断；即使进入公园绿地，还可能因个体的身体状况、体力活动偏好以及对所处环境的安全、舒适与自然性的评价等因素，而决定是否开展体力活动，如果受以上因素约束而没有开展的话，则不会因体力活动而获益；即使开展了体力活动，还可能因体力活动的强度及机体适应性等，产生不同程度的生理心理效益。基于上述几种可能，经由体力活动路径的"自然—健康"之间关系的方向和强弱将变得不确定。

再如"心理恢复"，理论关联路径同样包括 4 个线性环节：如由多种植被以不同的乔灌草比例组合而成的公园绿地（自然生态系统）（第 1 环节，编号①），凭借自身丰富的形态而具备提供复杂多样的视觉环境的功能（第 2 环节，编号②），因公园绿地的吸引性、远离性、

丰富性和相容性 (ART) 使人的定向注意得以恢复（第 3 环节，编号③），产生诸如疲劳综合征、衰竭综合征改善等积极的精神健康结局（第 4 环节，编号④）。现实世界中②和③之间同样受到多种因素的影响，如：可能因个体长期从事室内工作而无法接触公园绿地；可能因对公园绿地的吸引、远离、丰富和相容性的评价不同，而出现是否发生定向注意恢复的现象；亦可能因定向注意恢复的时间长短而影响精神疲劳相关症状的改善程度。

同理，"社会凝聚"理论关联路径也会受到相关调节因素的干扰，不再赘述。

## 3.3.2 调节因素及其机制

如前所述，调节因素通过影响自然暴露（使用自然）环节调节自然与健康之间关系的方向或强弱。关于"使用自然"这一行为影响因素的分析，学界常依据"社会—生态理论" (social-ecological theory)。目前，该理论被广泛应用于行为科学和公共健康领域，如用于休闲游憩、体力活动以及更加广泛的健康促进领域的行为研究。其中，"生态"一词源于生物科学领域，指有机体和其所依存的环境之间的相互关系。借用此概念，"社会—生态理论"关注人与其周围物质、社会和文化环境的交互。其关键结论是，人的行为不仅是个体层面 (individual-level) 相关因素塑造的结果，还受环境层面 (environmental-level) 相关因素的影响，旨在改变人群行为的干预措施需要综合多方面的因素。相比传统行为模型和行为理论中的单一层次因素分析，该理论能从不同维度综合分析影响使用行为的因素，受到越来越多国内外研究人员的关注并运用到实际研究中。

据"社会—生态理论"，一个显而易见的逻辑是：不是所有自然环境提供相同的生态系统文化服务，如由面积大小、组成要素、空间布局、游憩设施等因素造成的供给差异；也并非所有人对文化服务的需求都一致，如由社会人口和社会经济、主观偏好及价值取向等因素造成的需求差异；供给端和需求端相关因素的匹配是"使用自然"这一行为发生进而达成文化服务路径的关键。具体到"使用自然"的影响因素的研究上，多位学者基于该理论和既往研究进行了讨论。代表性研究如拉霍维齐 (K. Lachowycz) 等将其分为如性别、种族、社会经济地位等人口学因素，自然环境相关因素，生活背景和气候四类；沙纳汉 (D. F. Shanahan) 等将其分为文化因素，社会经济因素，个人偏好和知识，以及人口学和生理心理因素；克利里等认为"自然联系度" (nature connection)（用于描述个体对自然环境的一种混合的情感、信念和行为）也是重要的影响因素，其可能对于自然环境如何提升长期福祉 (eudaimonic wellbeing) 的解释至关重要。在众多研究中，拉霍维齐等不仅对影响因素进行了分类，更重要的是进一步明确了这些影响因素的作用机制（见下文）；赫格特施魏乐（K. T.

Hegetschweiler) 的系统综述显示，目前在相关研究上居于领先地位的欧美学界更多关注中微观层面的具体自然环境（供给端）和使用人群（需求端）相关因素，缺乏对宏观的地域文化、社会政策以及区域气候等因素的研究，原因是这些因素相对难以量化且相应干预往往收效甚微，尽管理论上这些因素也会对自然环境的使用产生影响。

　　基于此，下文将以上述两项理论研究为基础，分析讨论自然与健康关联过程中的调节因素及其机制并对其间所涉关系进行概念化示意（图 3-7）。其中，将调节因素划分为"供给端相关因素"和"需求端相关因素"，对这两类因素的分析主要在中微观层面进行。该分类方法和关注重点将延续至后续章节的实证研究。

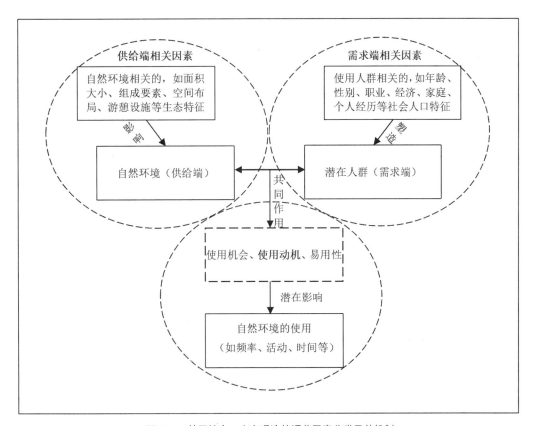

图 3-7　基于社会—生态理论的调节因素分类及其机制

## 1. 调节机制

　　根据"社会—生态理论"和人量相关研究，拉霍维齐等对调节因素的作用机制进行了总结，认为调节因素对使用行为的作用主要在于影响：

（1）"使用机会"（opportunity of use），即对自然环境的使用能力。人们往往受某些因素的约束而在自然环境的使用上具有不同的能力。这些因素包括时间限制、身体限制（如健康状况）、收入限制（如私人交通工具拥有情况）等需求端相关因素，以及自然环境的邻近性、可达性、可进入性等供给端相关因素。

（2）"使用动机"（motivation of use），即个体在为满足某种内在需求（如改善健康）而产生的内在不平衡状态驱使下进行自然环境的使用。由于自然环境仅是众多健康资源中的一种，人们可选择使用或不使用。使用动机可被个人原因（如遛狗、观鸟或上班途中穿过等）、家庭和社区的组成和生活方式偏好、环境感知（如安全性）及其他可供选择的健康资源（如体育馆、私人花园）所影响。自然环境本身是否具有吸引力也会对使用动机产生重要影响。

（3）"易用性"（ease of use）。其他环境特征也可能影响人们如何真实地使用自然，如公园周边交通是否有安全隐患、去往公园途中是否有过渡性绿色空间等。

以上机制往往相互交织、共同作用，如距离作为自然与健康之间的重要调节因素，其效应受自然环境吸引性的影响。以上机制当中，学界通常更为关注"使用机会"和"使用动机"。关于此二者，既往研究主要集中在自然环境的邻近性、可达性、可进入性等使用机会相关问题上，但是近期大量学者指出相对于使用机会，未来研究更应关注使用动机，后者对于自然环境使用行为的驱动具有更为重要的影响。这一观点在布伦达·林（Brenda. B. Lin）等人的研究中得以证实：虽然使用机会和使用动机均可对自然环境的使用产生显著影响，但是使用动机的效应相对更加明显。基于此，本书实证研究将根据图3-7所示思路，在分析使用机会相关因素的基础上，重点从使用动机切入定量研究影响自然环境使用的因素。

## 2. 需求端相关因素及其机制

（1）人口学因素（如年龄、性别、职业、经济状况等）通过影响使用机会和动机而起到调节作用。例如，年龄方面，人们对周围环境的依赖程度往往与可自由支配时间的多少有关，可自由支配时间又与年龄有关。据此，可解释多项研究发现的儿童和老年人相对中年人对住区周边自然环境相对更高的使用频率。另外，活动偏好、健康水平、交通能力和环境感知等因素也可能与年龄有关，由此使用机会、使用动机以及真实的使用行为等会因个体年龄的不同而有差异。大量研究试图检查在职人群的健康状况与自然环境的关系，然而很少有研究发现二者间显著关系，原因可能是此类人群对自然环境的使用没有固定的模式；与此相反，旨在检查老龄人群健康状况与自然环境关系的研究，往往发现二者间具有显著联系。由此说明，年龄是重要的调节因素。

（2）性别也可能起调节作用，如研究显示性别与环境感知和使用显著相关。性别的这种效应可能与年龄有关，如研究发现自然环境与体力活动的相关性在男孩中尤为显著，原因可能是青少年时期的男性更为好动。泰勒等发现女孩相对于男孩的自律性如专注力与住区周边自然环境的联系更明显，并将其原因解释为男孩相对于女孩的活动范围更大，对住区周边的自然环境的依赖程度更低。另一些研究发现住区绿化与体力活动、自陈健康之间的联系在成年女性中呈显著正相关，原因可能是女性相对于男性在家中待的时间更长。

（3）种族已被证实对自然感知、游憩偏好以及使用频率等具有重要影响。研究表明，白种人相对于其他人种对自然环境的积极看法更多，并且自然暴露与健康改善之间的联系在白人群体中更加显著。不同种族在自然与健康关系上的表现差异，可能归因于固有的生活方式、文化价值的不同，或者来源于同一自然空间使用时的种族歧视。基于此，针对人群价值取向的研究将有助于为不同人群提供文化匹配的自然环境。

（4）经济状况也是重要的调节因素。众所周知，开放使用的公园绿地对低收入人群具有重要意义，因为此类人群往往因没有私人花园或缺乏可自由支配时间或收入水平低等而没有能力获取其他运动健身和放松减压的机会。研究显示，相对于高收入人群，低收入人群在住区周围公园绿地数量越多健康状况越良好的正向联系上更为显著。对此可能的解释是，富裕人群相对贫困人群具有相对更高的健康水平，公园绿地对其的影响更多在于保持健康而不是提升健康。这意味着，低收入人群从公园绿地的获益相对更高，公园绿地对于缓解贫困相关的健康不公平有着非常重要的意义。正如发表在权威医学期刊《柳叶刀》(The Lancet) 上的一项在英国全境开展的研究显示，贫困地区新生儿死亡率会随着地区绿化程度的不同而出现梯度变化，绿化程度越高的地区新生儿死亡率越低。

（5）个人职业、生活方式及其家庭因素也会影响使用机会和使用动机。例如，一个工作繁忙、经常外出的人从其住区周边自然环境中获益的可能性相对更低。再如，家中喂养宠物的人可能具有更高的体力活动水平，并且对周围自然环境的使用频率更高。生活方式、家庭结构也可能起到调节作用，如研究表明家庭主妇、家中有小孩的人群以及居住在公寓的儿童与周围自然环境的联系更为紧密。有学者认为，部分研究错误地认为儿童的体力活动与周围自然环境间存在直接联系，但事实上这一联系受到儿童父母对环境安全性等因素的态度的影响。

## 3. 供给端相关因素及其机制

自然环境的物质特征可以影响使用动机和易用性。研究显示，不同人群对公园绿地的特征、设施及活动的喜好具有显著差异，如慢跑者可能更喜欢安静的小径，而拥有小孩的家庭则可能更喜欢可以玩耍的开敞空间。另外，除休闲游憩目的外，人们还可能在从事其他活动过程中接触自然（如上班途中穿过），此时自然区域的易用性（如是否有良好的照明和路径等）会起到重要的调节作用。还有研究表明，尽管充满野趣的自然对心理恢复的作用更大，但是同样的环境可能被部分人认为是不安全的而不去使用。因此，尽管面积大小、吸引力、绿化类型及游憩设施等因素可以影响自然与健康的关系，但是任何自然空间的具体健康价值可能会随着使用者以及欲要测量的健康结局的不同而变化。

出于上述原因，简单的距离测量不足以捕捉自然与健康之间的复杂关系，如此不难理解多项研究并没有发现自然环境的健康促进作用，尤其是在没有评估自然环境的质量和类型的情况下。有人提出了一个关于公园绿地特征和使用者特征如何影响公园绿地使用进而调节健康效益的理论框架。该框架总结了自然环境的重要特征（如安全性、审美价值），并认为未来研究应该测量体力活动水平与这些特征之间的关系。理论上，只有将自然与健康关联路径中自然属性、功能、对人的影响以及期望的健康效益都具体化并同时明确绿地类型和人群的情况下，才能建立起特定属性和特定健康结局的真正联系。

### 3.3.3 现实关联路径概念模型构建

从以上分析来看，文化服务的现实关联路径远比理论关联路径复杂，其不仅包含线性化的中介过程，还涉及能使其非线性化的调节因素。若想在现实世界中通过对自然环境的干预提升人群水平上的健康福祉，既要从自然与健康的因果关系入手，还要着重考虑对调节因素的控制。显而易见，过去在特定条件下才能成立的研究结论还无法支持"基于自然的健康促进"的实践应用效率的提升。加之，过去研究结论大多建立在自然和人工环境的粗放对比上，没有提供自然属性或要素与健康结局的详细信息，进一步增加了实践应用的难度。如此一来，不难理解现行城市公园绿地的规划设计往往采用"一刀切"的方式来满足生态、社会、文化等多元需求。

仅就以提升公共健康为导向的实践应用而言，面对上述问题，首先需要一个可以明确自然与健康完整关联过程的理论框架。理论框架可起到澄清基本科学假设、明确研究对象之间关系、组织研究思路和结构，以及指导当前和未来研究的设计和实施的作用。因此，根据以上关于自然与健康"理论"和"现实"关联路径的对比分析并参考近期相关研究的部分思路，本书提出相应的解决方案——自然与健康现实关联路径概念模型（图3-8）。

该模型基于生态系统服务的基本原理（本书3.1.2节）以及统计学中介—调节原理（见图3-3、图3-6以及相关分析），对过去建立的仅反映了从自然环境到健康福祉线性关系的"理论"关联路径和现实世界中的调节因素进行整合，旨在反映现实世界中自然与健康的完整关

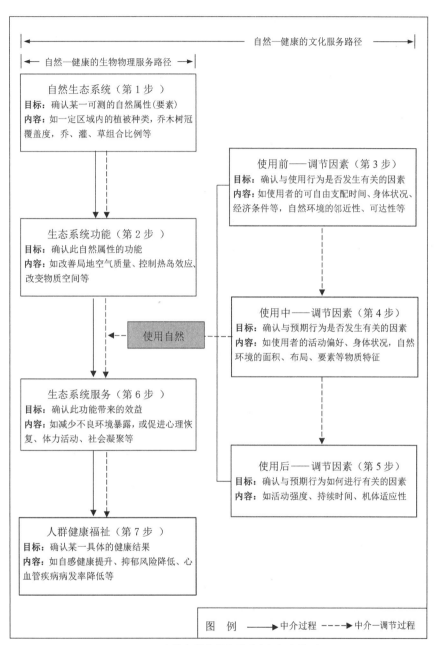

图 3-8 自然与健康现实关联路径概念模型

联过程。同样需要说明的是，该模型不完全涉及现实关联路径的中介因素和调节因素，重点亦在于解释说明。其要点可概括为：

（1）共包含 7 个环节，模型左侧为从自然生态系统到健康福祉的线性中介过程，模型中间为中介过程暗含的"使用自然"，模型右侧为中介过程可能涉及的调节因素及其调节位置。此三部分，共同构成了现实世界中从自然到健康的"中介—调节"过程。

（2）中介过程包含"自然生态系统—生态系统功能—生态系统服务—健康福祉"4个环节，对应既往研究建立的理论关联路径。不同点在于，根据生态系统服务的基本原理，将理论关联路径中的"自然环境"扩展为"自然生态系统—生态系统功能"两个环节。另外，将理论关联路径默认的"使用自然"环节单独列出，分为使用前、使用中、使用后3个阶段，起到联结"中介—调节"过程的作用（原因在于人对自然环境的使用本质上是对生态系统功能赋予文化价值的过程，属于功能转化为服务的条件性因素，故将其单独列出）。

（3）划分了调节因素的不同调节位置，分别对应使用前、使用中及使用后3个不同的阶段；同时，根据行为科学领域的"社会—生态理论"，每个阶段的调节因素均列举了部分典型的供给端相关因素和需求端相关因素。

（4）明确地指出了模型中所有环节的对象、目标和主要内容，从而有利于弥补过去研究设计中缺乏细节的不足。

以历史发展的视角来看，该模型是自然与健康之间的关系从经验认知到科学研究，再到实践应用逐渐累积演进的结果（图3-9）。其中，早期的经验关联路径阶段，人们在实际生活中发现自然环境与健康福祉存在诸多联系，并根据这一生活经验利用自然环境进行了积极的疗愈实践；当前理论关联路径阶段，研究者主张通过科学方法确认自然环境是否影响健康福祉并试图给出相应的理论解释，其间对混淆变量（调节变量）进行了控制；本书所反映的现实关联路径阶段，则需要研究如何控制自然与健康联系过程的诸多影响因素，从而提升自然环境健康效益的实际转化效率，进而使有限的自然资源发挥更大的健康效益，使更多人群

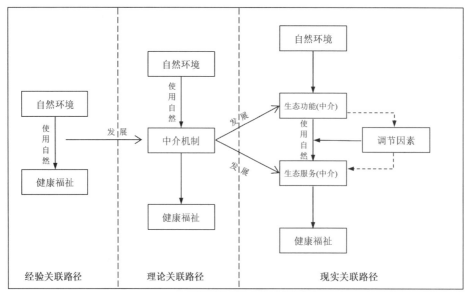

图3-9　自然与健康的关联路径演进过程

从中受益。上述演进过程实际上伴随着人居环境从绿意盎然到缺乏自然的变迁，以及公共健康问题的防治理念从疾病治疗到健康提升的转变，是自然环境供给和需求不平衡状态下出现的必然趋势。

# 3.4 现实关联路径概念模型应用前景

当前，"自然—健康"议题的科学研究与实践应用之间面临的障碍主要集中在两方面：一是缺乏对微观层面自然与健康因果关系及其时效性和普遍性的研究，二是缺乏对调节因素的研究以及此基础之上的调节因素控制方法（见本书 1.4.5 节）。以上构建"自然与健康现实关联路径概念模型"的主要目的便是尝试从理论上同时回应上述两个问题，为旨在提升"自然—健康"转化效率或者说实现"自然—健康"实践转译的应用研究提供一定的理论参考。

## 3.4.1 未来应用

长远来看，该领域还需要开展大量"不同条件下剂量—效应关系"(dose–response relationship under different conditions) 的研究。其中，剂量—效应关系是指微观层面自然属性或要素与预期健康结局的因果关系；不同条件下是指研究过程中包含了对调节因素的考量，即要强化研究的"生态效度"(ecological validity)（生态效度指一个理论或一个研究结果能够说明或预测人们在真实的、各种不同情境中的表现的程度）。更直观地讲，未来研究需要解决的主要问题是如何具体化既具备健康效益，又能吸引人使用的自然环境特征。尽管能同时满足上述条件的大部分自然特征是重叠的，但也有例外，如充满野趣的自然对心理恢复的作用更大，但在部分情况下因被人感知为不安全的环境而不去使用。只有这样，才能取得自然剂量最小、适用人群更加广泛、更符合实际的科学证据，进而可帮助形成旨在提高人群健康水平的规划设计策略，最终提升实践应用的效率。

本书尝试提出的"自然与健康现实关联路径概念模型"模拟了研究不同条件下剂量—效应关系的全过程，可指导"现场控制研究"(controlled field study)、"纵向观察研究"(observational longitudinal study) 等常被相关学者呼吁的用于确认剂量—效应关系的"真实世界研究"(real world research, RWR)。例如，当在现场控制研究中发现自由人群对自然属性变化（如研究区域的绿地改造前后）的不同反应（如体力活动频率的变化）时，可参考该模型进一步检查引起这些差异的原因，如自然属性与健康结局的不匹配或是调节因素的干扰。一方面，如果确认不是因为调节因素的干扰，就要将下一步研究的重点放在寻求可以匹配预期健康结局的自然属性或要素上；另一方面，如果确认是受调节因素的影响而不是具体自然属性与预期健康结局的不匹配，就要将研究重点放在调节因素的控制上。同理，当在纵向观察研究中发现不同时期同一个体或群体在自然和健康上的变化，如"研究发现公园绿地与精神健康存在联系，但是在人的一生中以及不同性别之间有较大差异，其中成年初期至中期的男性更容易从公园绿地获益"，可利用该模型进一步检查引起这些差异的原因。

## 3.4.2 近期应用

近期而言，在没有准确匹配"自然—健康"的"剂量—效应"之前，可从该模型中联结自然与健康的关键环节"使用自然"入手开展片段式研究。毕竟受研究条件的限制如基于人群的现场控制研究需要引起一定区域内自然环境的变化，以及数据收集的难度如需要同时收集大量人群或同一人群长时间跨度内的相关数据等，上述 RWR 还需长时间的探索和积累。之所以提出该研究思路，是因为大部分情况下自然环境健康促进作用的发挥不仅要证明自然具备改善健康的能力并将其细化至可操作层面，还要在此基础上促进人们对自然环境的使用。既然前者已是基本证实但还需长期细化的议题（见本书 1.4.5 节），近期研究可从后者入手。围绕"使用自然"环节，研究自然环境的使用（使用频率、使用方式、停留时间等）及其影响因素（即自然与健康关系的调节因素）和影响因素的控制方法（即调节因素的控制方法），在提升"自然—健康"转化效率的实践应用中不容忽视，尤其是在高密度城市自然资源紧张和公共健康问题凸显的背景下更加必要。简单来说，随着城镇化进程的不断推进，城市将成为人类的主要生境，而城市生境中公共健康问题高发和自然资源退化的趋势对自然环境健康效益的实际转化提出了要求，有必要研究自然环境的使用及其影响因素和控制方法，以促进更多人群利用有限的自然资源改善健康。正因如此，本书依托高密度城市小微公园绿地的实证研究将重点围绕使用环节相关问题展开。

关于自然环境使用及其影响因素的研究，可借助传统的现场或非现场方法收集需求端相关数据，借助地理信息系统 (GIS) 或现场视觉观察方法收集供给端相关数据，还可借助"公共参与地理信息系统"(PPGIS) 获取更为精确的数据。这些数据之间的匹配，可为本地居民多样的休闲游憩需求提供生态结构清晰的自然环境，以此来提高自然环境的利用率，进而增加人们从中获益的可能性。此类研究对近期城市公园绿地规划建设尤为重要，相较于当前以公园绿地的数量、可达性及空间分布均衡性等为重点的研究又前进了一步。

# 3.5 本章小结

在高密度城市自然资源紧张和公共健康问题凸显的背景下，为支持"基于自然的健康促进"，相关研究的焦点有必要从"自然是否影响健康"的基础研究转向"自然如何影响健康"的应用研究。本章以影响自然与健康之间关系的"调节因素"为分析讨论的重点，在对比自然与健康"理论"和"现实"关联路径的基础上，借助生态系统服务原理和统计学中介—调节原理，尝试构建了"自然与健康现实关联路径概念模型"并探索了该模型在近期和未来研究中的应用前景。

本章的要点概括如下：

（1）既往研究在统计学中介模型的辅助下，基于实验类研究的因果性结论和横断面研究的相关性结论，建立了"自然环境—中介效益—健康结局"的路径模型。然而，其中的大部分路径（心理恢复、体力活动和社会凝聚）在现实世界中并不总是成立，甚至会出现相反的结果。其主要原因可归结为，现实世界中不同人群在"使用自然"环节上的差异。因此，现有路径模型是在特定条件下才能成立的自然与健康的"理论"关联路径。

（2）根据生态系统服务联结生态系统与健康福祉的不同过程，现有理论关联路径可被分为生物物理服务路径、文化服务路径两大类。其中，经由生物物理服务路径联结自然与健康的过程是直接的，受调节因素的影响较小；而经由文化服务路径联结自然与健康的过程是间接的，受多种调节因素的影响。据行为科学领域的"社会—生态理论"，这些调节因素可被分为供给端相关因素和需求端相关因素。调节因素的作用机制主要在于，通过影响使用机会和使用动机来影响自然环境的（最终）使用，进而起到调节自然与健康之间关系的方向和强度的作用。

（3）文化服务的现实关联路径包括7个环节，其中由"自然生态系统—生态系统功能—生态系统服务—健康福祉"4个环节组成的线性中介过程，可被使用自然有关的3个不同位置的调节因素所影响。"自然与健康现实关联路径概念模型"可为未来具有良好生态效度的科学研究提供理论参考，也可为本书下一步针对调节因素的实证研究提供理论依据。

行文至此，以上经过第1、2章关于自然是否、为何影响健康的文献述评和第3章重点围绕自然如何影响健康的论述和模型建构，形成了完整的关于研究所涉核心议题"自然是否、为何、如何影响健康"的知识体系，其将有助于了解该领域目前的研究进展、存在的主要问题、未来的努力方向和可能的解决方案。

# 第 4 章

**4**

小微公园

绿地使用

及其需求端

影响因素

上一章关于理论和现实关联路径的对比分析表明，现实世界中自然与健康的积极关系可能因"调节因素"的干扰而变得不确定，从而可能降低"自然—健康"的转化效率。此现象有悖于城市公共健康问题高发和自然环境退化背景下，高效利用自然环境改善公共健康的现实要求。因此，在以促进公共健康为导向的相关研究中调节因素是不可忽略的重要议题。由于调节因素的作用原理是通过影响自然环境的使用来调节自然与健康之间关系的方向或强弱，为了充分发挥自然环境的健康促进作用，有必要围绕"使用自然"环节开展系统深入的研究。

既然"使用自然"环节如此重要，那么以何种类型的自然为依托进行具体考证？据本书 1.1 节，受制于人口密集、用地紧张等因素，大多数高密度城市，尤其是高密度城市中心区，大中型公园绿地的总体规模固化、人均数量下降，公园绿地的小微化趋势逐渐明显，"小微公园绿地"将成为高密度城市公园绿地的一种重要存在形式。再据本书 1.4 节，既往大量关于自然是否影响健康的研究已通过自然与城市、自然子类与城市、自然要素与城市等不同层级的对比，证实了包括城市自然在内的自然环境的绝对效益和较之于灰色城市环境的相对效益，并且其中已有研究证实小微公园绿地的健康效益。因此，可以说小微公园绿地可能成为高密度城市中维护公共健康的潜力资源。以下选取典型高密度城市区域小微公园绿地，在初步证明其健康效益的基础上，重点研究小微公园绿地使用的人群差异及其主要成因并从需求和供给两方面定量分析影响因素（第 4 章和第 5 章），不仅可以检验上章关于现实关联路径及其调节因素的理论分析，还将有利于梳理出契合高密度城市特点的基于自然的健康促进的重点，为下一步干预策略或者说调节因素控制方法的建立提供支持（第 6 章）。

小微公园绿地常呈斑块状散布在城市中，是可供人们开放使用的公共空间，因具有面积小、数量大、分布广和可达性强等特点而成为城市公园绿地的良好补充。但是，这并不意味着这些先天优势与高水平的使用有着必然联系。"个体因素"如年龄、文化、个人经历及与家人朋友的关系等和"环境因素"如物质环境、社会文化环境、政策环境等共同作用于人的行为，人的行为会因这些因素的不同而有较大差异。过去有关公园绿地使用的研究主要集中在休闲游憩、体力活动等领域，并且主要针对城市综合公园，涉及小微公园绿地的不多，而从公共健康视角研究的就更少。也就是说，尽管理论上小微公园绿地可能成为促进健康的潜力资源，但是人们真实的使用情况及其影响因素仍有必要进行科学检验。

由于影响公园绿地使用的因素众多，据本书 3.3.2 节的相关论述，它们可分为"需求端相关因素"和"供给端相关因素"两大类并且关键机制可能在于通过影响"使用动机"来影响最终使用，后续拟用两章分别研究这两类因素与使用动机的关系。相应的研究思路如图 4-1 所示。

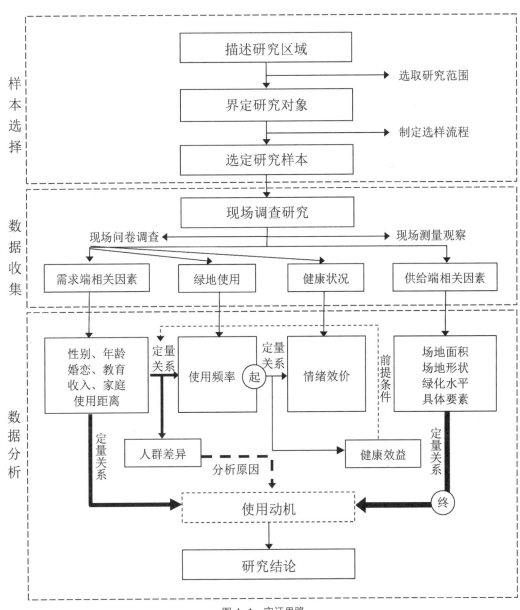

图 4-1 实证思路

基于以上分析,本章的具体研究内容为:选取典型高密度城市区域成都市中心区的小微公园绿地为研究对象,试图通过多个案现场研究法描述小微公园绿地总体使用情况及其与综合公园的异同,初步证明小微公园绿地的健康效益,并在此基础上重点分析不同人群在小微公园绿地使用频率上的差异及其成因,以及人口学因素与小微公园绿地使用动机的定量关系。

# 4.1 案例区域

## 4.1.1 成都市域概况

成都市,简称"蓉",是我国西部地区主要中心城市,四川省省会,国家历史文化名城。《成都市城市总体规划(2016—2035)》(公众意见征集稿)(以下简称"2016版总规")将其进一步定位为国家中心城市、国际门户枢纽城市、世界文化名城。据当前实施的《成都市城市总体规划(2011—2035)》(以下简称"2011版总规"),成都市市域范围已形成由1个特大中心城市、8个卫星城、6个区域中心城、10个小城市、68个特色镇构成的城镇体系。

据2011版总规及相关资料,该市地理位置、人口资源、行政区划、社会经济、自然资源等方面的概况如下:

### 1. 地理位置

成都市位于四川省中部,四川盆地西部,介于东经102°54′~104°53′、北纬30°05′~31°26′之间;全市东西长192km,南北宽166km,总面积12121km²(数据源于2011版总规,与2016版总规存在一定差异);东北与德阳市、东南与资阳地区毗邻,南面与眉山地区相连,西南与雅安地区、西北与阿坝藏族羌族自治州接壤。

### 2. 人口资源

2009年,户籍人口总数为1139.63万人,在全国特大城市中,仅次于北京、上海、重庆居第四位。其中,市区人口520.82万人,县(市)人口618.77万人。全市人口密度为每平方公里934人,其中市区人口稠密,每平方公里达2421人。

### 3. 行政区划

成都现辖9区4市(县级市)6县,即:锦江区、青羊区、金牛区、武侯区、成华区、龙泉驿区、青白江区、温江区、新都区、都江堰市、彭州市、邛崃市、崇州市、金堂县、双流县、郫县、大邑县、蒲江县、新津县。

## 4. 社会经济

2009 年，全市地区生产总值达到 4502.6 亿元，在全国 15 个副省级城市中，居第 6 位，按可比价格计算，增长 14.7%，第一、二、三产业在地区生产总值中的比重分别为 5.9%、44.5%、49.6%。城镇居民人均可支配收入达到 18659 元，农民人均纯收入 7129 元，城乡居民储蓄存款余额达 4234 亿元，城乡居民生活质量明显改善。基础设施建设成效显著，城市面貌和生态环境明显改善，先后荣获"国家卫生城市""环境综合整治优秀城市""国家园林城市""中国最佳旅游城市""国家环境保护模仿城市"等称号，2007 年 6 月，国务院批准成都为全国统筹城乡综合配套改革试验区。

## 5. 自然资源

1）地形地貌

成都市域范围内地势差异显著，西北高、东南低。西部属于盆地边缘地区，以深丘和山地为主，海拔多在 1000~3000m 之间；东部属于盆地盆底平原，是成都平原的腹心地带。成都平原又称川西平原，是由发源于西北高原的岷江、沱江及其支流等 8 个冲积扇复合而成的冲积扇平原，地势自西北向东南倾斜，扇形地顶点灌县（都江堰）附近海拔约 750m，扇形地前缘为 520m，其间地势平缓、水源丰富、排水通畅、土地肥沃，自秦代起就得益于灌县水利灌溉工程，成为我国历史上人口最为稠密的地区之一。

2）土地资源

成都市土地资源类型多样。按地貌类型可分为平原、丘陵和山地；按土壤类型可分为水稻土、潮土、紫色土、黄壤、黄棕壤等 11 类，按土地利用现状类型可分为耕地、园林地、牧草地等 8 类。平原面积比重大，达 4971.4km$^2$，占全市土地总面积的 40.1%；丘陵面积占 27.6%，山地面积占 32.3%。土地垦殖指数高，土地肥沃，土层深厚，气候温和，灌溉方便，可利用面积的比重可达 94.2%，全市平均土地垦殖指数达 38.2%，其中平原地区高达 60% 以上，远远高于全国 10.4% 和四川省 11.5% 的水平。

3）气候资源

成都市位于川西北高原向四川盆地过渡的交接地带，具有自己特有的气候资源：①东西两部分之间气候不同。由于成都市东、西高低悬殊，热量随海拔高度急增而锐减，出现东暖西凉两种气候类型并存的格局。②冬暖、春早、无霜期长，四季分明，热量丰富。年平均气温在 16.4℃左右，不低于 10℃的年平均活动积温为 4700~5300℃，全年无霜期大于 337d，冬季最冷月（1月）平均气温为5℃左右，0℃以下天气很少。③冬春雨少，夏秋多雨，雨量充沛，年平均降水量为1124.6mm，降水的年际变化不大，最大年降水量与最小年降水量的比值为2∶1左右。④光、热、水基本同季，气候资源的组合合理，有利于生物繁衍。⑤风速小，广大平原、丘陵地区风速为1~1.5m/s；晴天少，日照率在24%~32%之间，年平均日照时数为1042~1412h，年平均太阳辐射总量为83.0~94.9kcal/cm²。

4）水资源

成都市降水丰沛，年均水资源总量为305.49亿m³。主要特点：①河网密度大。有岷江、沱江等12条干流及几十条支流，河流纵横，沟渠交错，河网密度高达1.22km/km²；加上驰名中外的都江堰水利工程，库、塘、堰、渠星罗棋布。2001年有效灌溉面积达36.6万hm²，全市水能资源理论蕴藏量为161.5万kW。②水质优良。成都地处长江流域上游，河水主要由大气降水、地下潜流和融雪组成，在流入成都平原之前，河道主要在高山峡谷之间，受人为污染极小，因而水质格外优良，绝大部分指标都符合国家地面水二级标准的要求。

5）生物资源

成都市地处亚热带湿润地区，地形地貌复杂，自然生态环境多样，生物资源十分丰富。据初步统计，仅动、植物资源就有11纲、200科、764属、3000余种。其中，种子植物2682种，特有和珍稀植物有银杏、珙桐、黄心树、香果树等；主要脊椎动物237种，国家重点保护的珍稀动物有大熊猫、小熊猫、金丝猴、牛羚等；中药材860多种，川芎、川郁金、乌梅、黄连等蜚声中外。

6）旅游资源

成都市名胜古迹蜚声中外，加上自然风光绮丽多姿，因而旅游资源得天独厚，并具有鲜明的特色。①人文景观多：全市现有人文景观172处，类型多、规模大、分布广、价值高，其中，尤以都江堰水利工程、二王庙、文君井、武侯祠、杜甫草堂、文殊院、宝光寺、王建墓、东汉墓等最具特色。②自然景观全：成都地形地貌复杂多样，山景、洞景、水景、生景、气景俱全。③旅游资源分布相对集中：现已形成以成都中心城区为核心的、组合不同、风格各异的都江堰、青城山、宝光寺等8个国家、省、市级风景片区和西岭雪山国家级风景名胜区、龙池国家级森林公园、龙门山国家级地质公园和白水河国家自然保护区等。④旅游地理位置优越：成都处在由剑门蜀道、九寨沟、成都、峨眉山、长江三峡等旅游胜地组成的四川旅游环和由北京、西安、成都、昆明、桂林、广州等旅游中心组成的全国旅游环的联结点上，还是内地前往西藏的主要通道。

## 4.1.2 中心城区概况

成都市中心城区即市域城镇体系规划中确立的特大中心城市。2011 版总规将其范围划定为："绕城高速以内（含道路外侧 500m 绿化带），锦江区、青羊区、金牛区、武侯区、成华区绕城高速以外行政辖区，以及高新南区大源组团范围，面积约 630km²"。同时指出，"中心城区分为城市建设区、城乡协调控制区两个部分，其中城市建设区包括三环以内的旧城和三环以外的 7 个边缘片区；近期（2015 年）城市建设用地为 420km²，常住人口控制在 600 万人以内；远期（2020 年）城市建设用地为 436km²，常住人口控制在 620 万人以内"。然而，事实上该区域的人口总量和人口密度均已超过城市总体规划的预测。2009 年，中心城区实际居住人口达 550 万人，实际建成区面积为 375km²，人口密度为 14667 人 /km²。2017 年，中心城区实际居住人口达 657 万人，人口密度进一步扩大为 17700 人 /km²。

目前，学术界主要倾向于使用人口密度作为高密度城市划分指标。根据李敏等人的研究，一般认为人口密度超过 15000 人 /km² 的城市 ( 区 ) 可被视为高密度城市 ( 区 )。按照此划分标准，成都市中心城区已步入高密度城市（区）行列（据《成都市城市总体规划（专题汇报）》，该区域 2017 年人口密度为 17700 人 /km² )。

中心城区人口高密度集聚除了受快速推进的城镇化进程的影响外，还与城市开发过程中形成的圈层式城市空间结构紧密相关。成都市中心城区布局是典型的单中心结构基础上逐层外溢的"摊大饼"型拓展模式，从中华人民共和国成立初期到现在，城区已从直径 4km 左右的同心圆扩展到直径 20km 左右，面积为 400 多 km² 左右的同心圆形态。尽管东北、西北、正西、西南、正南、东南方向出现了沿干线道路轴向拓展的趋势，但总体上仍强烈地表现出清晰的"摊大饼"特征。在漫长的历史发展时期内，这种模式较好地支撑了城市的经济和空间发展，但在 20 世纪 90 年代以来的城市高速拓展时期，这样的成长模式已经体现出越来越多的功能障碍，突出表现为旧城开发强度大大增加，已由居住人口密集型转为就业人口及流动人口密集型，人口总量不降反增。

城市圈层式空间结构不仅对人口的高密度聚集起重要作用，还对城市绿地的布局与构成有着独特的影响。在圈层式城市空间结构中，越接近市区，土地利用的集约程度越高，灰色空间所占比例越大，很难有单独的空间用于城市绿地的建设，城市绿地只能以小的开放空间( 如休息区 )、线性开放空间（行道树、绿廊、绿带等）存在于该区域。此现象在成都市中心城区亦不例外，"目前成都市中心城区公园绿地以点状和带状绿地为主，仅有 10 处市级公园"。

由此可见，成都市中心城区是典型的高密度城市（区），其对高密度城市以及受城市高密度化影响而出现的公园绿地小型化现象均有一定的代表性。

### 4.1.3 案例区域选取

作为中心城区圈层式结构的内核和腹心地带，"中心区"（概念源自 2011 版总规，面积约 60km²，范围为旧城内二环路以内的城市建成区）成为中心城区人口、产业、交通等的集聚中心，人口密度已远超高密度城市的门槛标准。同时，受发展过程中形成的圈层式城市空间结构的影响，该区域的公园绿地以点状和带状绿地为主，并且"二环路以内的旧城区域，特别是一环路以内区域，绿化水平低；二环路以内（综合）公园绿地布局不合理，分布不均，旧城区西北、东北缺少公园绿地"。

基于此，本书选取成都市中心区这一典型高密度城区作为研究高密度城市小微公园绿地使用及其影响因素的案例区域。其不仅对高密度城市小微公园绿地具有一定的代表性，还对与之相关的城市问题的解决具有一定的启发和借鉴意义。

## 4.2 方法技术

"多个案现场研究法"(on-site multiple-case study design)，即采用实地测量、问卷调查、现场访谈等现场调查方法对一定区域内的多个代表性个案进行研究。选择"多个案现场研究法"的主要原因在于：①现场研究能在一定程度上保证较为准确地捕获被调查者对小微公园绿地的即时体验，因为人的行为和感受部分取决于环境背景，为了准确地理解其间的交互作用，有必要在真实环境中研究人的行为；②多个案研究有利于更好地理解更多人群的使用特点，从多个个案获取的研究结果更具普遍性，相对单个案研究更具说服力。

### 4.2.1 对象界定

"小微公园绿地"(small public green space)：同绪论部分相关界定，这里的"小微公园绿地"指具有占地小、布局灵活、就近服务等特点的一类公园绿地，对应《城市绿地分类标准》CJJ/T 85—2017 公园绿地大类中小于社区公园门槛面积的公园绿地，包括游园和儿童公园、体育健身公园、滨水公园等具备日常游憩服务属性的专类公园。为了确保后续选样过程中标准统一，根据相关研究的对象界定方法和《城市绿地分类标准》CJJ/T 85—2017、《城市居住区规划设计标准》GB 50180—2018、《城市绿地规划标准》GB/T 51346—2019 等标准以及地方规定、初步调查实际情况，进一步对小微公园绿地在空间形态上做出明确界定：面积介于 1000~5000m² 之间、宽度大于等于 12m、绿化占地比例大于等于 65%、具有一定游憩设施且与周边环境有明确边界。

"小微公园绿地的使用"（use of small public green space）：公园绿地的使用可从使用频率、使用方式、停留时间等方面进行测度。为了使后续论述主线清晰，不陷入细节纠缠，这里根据多项关于公园绿地使用的研究，将其界定为使用者进入公园绿地并在其中逗留的行为，任何使用频率、使用方式及停留时间都被计算在内。在此界定下，"使用频率"成为关于小微公园绿地使用的重要考察指标。在定量化不同人群在小微公园绿地使用上的差异之后，"使用动机"则成为重点考察指标（原因见本章引文及本书 3.3.2 节）。

## 4.2.2 样本选择

### 1. 选样流程

鉴于研究范围较大（面积约 60km²），其间小微公园绿地数量众多、风格不一并且分布零散，有必要从中选择若干代表性样本进行深入分析。参考相关研究的选样方法，制定了一个"逐渐聚焦式"的选样流程。具体为：

第一步，技术分析、全面查看。这一步主要以室内工作的方式利用高精度遥感影像和城市规划文本，全面地查看可能入选的对象。其中，遥感影像是通过 BIGEMAP 中文版 20.0 软件获取的分辨率为 0.26m/pixel 的栅格图像（已校正、TIF 格式），城市规划文本包括总体规划、控制性详细规划和绿地系统规划等（均为 2011 版城市总体规划及其配套规划，来自成都市规划管理局网站提供的开源数据）。具体操作中，首先，参考相关研究中的做法，将一般不被优先使用的综合公园、高校校园等大型公园绿地或开放附属绿地各入口 500m 范围内的对象排除在外；其次，查看各技术资料中面积介于 1000~5000m² 之间"斑块状绿地"的分布情况；最后，为避免遗漏重要信息，对上述对象进行叠加分析并将结果作为"可能入选对象"纳入下一步分析。这一步中，遥感影像的识别结果为 152 个，城市规划文本识别结果为 126 个，叠加分析结果为 164 个（表 4-1）。

第二步，实地调查、分类筛选。通过实地走访核实所有"可能入选对象"的现状，进一步排除因技术资料更新速度慢或没有落实而与现状不符者。此过程中，把真实存在的小微公园绿地细分为 5 个类别，其中排除空地和施工区型（18 个）、通道型（27 个）、交通岛型（22 个）、运动场型（12 个）等不符合研究意图的类别，所余部分休闲游憩型即为符合标准的对象（共 85 个）。接下来，人工测量并记录标准对象的面积、形状、植被、游憩设施等数据，并将这些数据输入 ArcGIS 中文版 10.0 软件建立数据库。

第三步，确定研究样本。首先，根据所处地理位置和周边环境，将标准对象再次划分为生活型（居住区周边）、中途型（公园的主要面邻近城市道路）和工作型（主要邻近商务办公区）。然后，基于类型数量和在五城区（金牛区、成华区、武侯区、锦江区、青羊区）的分布情况，按比例抽取部分作为最终确定的研究样本。抽样过程中重点参考面积、形状、植被和设施等具体信息，以进一步提升样本的代表性。

通过以上 3 个步骤，共发现 85 个小微公园绿地符合标准，根据选样的变量最大化原则，从中选择 11 个作为研究样本，编号为 S01~S11（表 4-1、图 4-2）。

选样流程与结果　　　　　　　　　　　　　　　　　　　　　　　表 4-1

| 流程 | 技术方法 | 类型 | 数量 | | 备注 |
|---|---|---|---|---|---|
| 查看可能入选对象 | 遥感影像规划文本叠加分析 | — | 152 | 排除 | 综合公园、高校校园等大型公园或开放附属绿地各入口 500m 范围内的小微公园绿地 |
| | | — | 126 | | |
| | | — | 164 | | |
| 筛选符合标准对象 | 现场调查分类筛选GIS 数据库 | 无内容型 | 18 | 排除 | 无使用者，空地或施工场地等 无明显场地边界，许多人穿过交通岛绿化运动专属场地，无法开展其他活动 |
| | | 通 道 型 | 27 | | |
| | | 交 通 型 | 22 | | |
| | | 运 动 场 型 | 12 | | |
| | | 休闲游憩型 | 85 | 入选 | 使用者较多、设计特征明显、空间数量不一、覆被水平高等 |
| 确定样本 | 按比例抽样最大化变量 | 生活型 | 27 | 3 | S01~S03, S04~S09, S10~S11 |
| | | 中途型 | 42 | 6 | |
| | | 工作型 | 16 | 2 | |

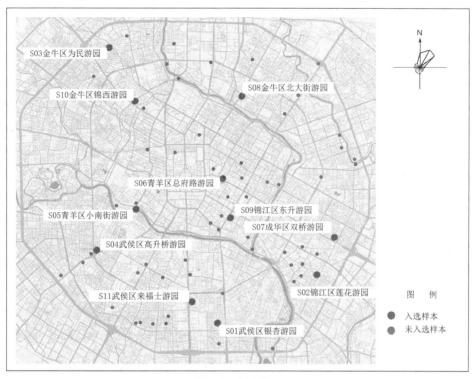

图 4-2  样本分布

## 2. 样本描述

小微公园绿地样本详见表 4-2。

小微公园绿地样本描述　　　　　　　　　　　　　表 4-2

| 编号 | 样本特征 | 平面布局 | 现场照片 |
|---|---|---|---|
| S01 武侯区银杏游园 | 邻近居住区，面积约 3436m²。空间丰富，外围乔灌草自由组合，其中草地有缓坡、汀步和花境；内部硬铺中间散布乔灌组团，边缘布置座椅、圆桌、文化栏等 | | |
| S02 锦江区莲花游园 | 邻近居住区，面积约 2810m²。空间单一，外围高大乔木和草地规整组合，其中草地点缀造型灌木；内部硬铺中间布置乔木，边缘布置健身设施、藤架等 | | |

续表

| 编号 | 样本特征 | 平面布局 | 现场照片 |
|---|---|---|---|
| S03 金牛区为民游园 | 邻近居住区，面积约1324m²。空间单一，外围乔灌草自由搭配，其外缘点缀文化石、花灌木造型；内部硬铺中间散布高大乔木、边缘布置健身设施、藤架等 | | |
| S04 武侯区高升桥游园 | 邻近城市道路，面积约3100m²。空间丰富，外围乔灌草规整搭配，间有文化石、花境等；内部地形起伏、丛林密植、间有硬铺和汀步园路、文化长廊等 | | |
| S05 青羊区小南街游园 | 邻近城市道路，面积约4697m²。空间丰富，外围乔灌草自由搭配，间有汀步园路穿过；内部硬铺和木制园路交错，整个地块内倾（北高南低） | | |
| S06 青羊区总府路游园 | 邻近城市道路，面积约2531m²。空间单一，外围行列乔木与地被、造型灌木结合；内部以雕塑为中心，内部边缘布置座椅 | | |
| S07 成华区双桥游园 | 邻近城市道路，面积约2940m²。空间丰富，外围乔灌草自由搭配、层次丰富，间有园路穿过；内部以圆形空地为核心、空地边缘为花架长廊 | | |
| S08 金牛区北大街游园 | 邻近城市道路，面积约2827m²。空间单一，外围自由布置乔灌草，层次单一；内部为高出周围绿化的圆形木制平台 | | |

续表

| 编号 | 样本特征 | 平面布局 | 现场照片 |
|---|---|---|---|
| S09 锦江区东升游园 | 邻近城市道路，面积约3067m²。空间单一，外围规整乔木与草地结合，其中草地边缘布置文化石；内部为硬铺空地，内部边缘布置文化住、花架、健身设施等 | | |
| S10 金牛区锦西游园 | 邻近商业建筑，面积约4450m²。空间丰富，外围规整乔木与草地结合，其中草地有缓坡、边缘布置文化石、造型灌木；内部为硬铺园路对称分割的绿地 | | |
| S11 武侯区来福士游园 | 邻近商业建筑，面积约1958m²。空间丰富，由4块规整绿地和1处旱喷组成。规整绿地均下沉，外围由灌木围合、间有乔木，内部植草砖铺装、边缘布置木制长椅 | | |

注：表中平面布局图均为正南北向，箭头表示对应实景的拍摄角度。

## 4.2.3 数据来源与分析方法

### 1. 数据来源

2016年和2017年的3、4月份，笔者及研究小组成员进行了2轮共4个月的现场数据收集（图4-3），流程见附录A。在此期间，每两名研究人员为一组跟踪调查同一个样本对象4次，各次调查分别安排在任意工作日的早、中或晚（每次调查约2h）和任意周末的一整天。这样较长时间跨度、多频次、针对同一样本对象的数据收集，有利于捕获更多社会人群、更为详细的使用信息。选择3、4月份开展调查是因为此阶段成都平原的天气条件基本相当且舒适度较高，有利于观察到较为稳定的使用情景，由此可在一定程度上减少天气因素对研究结果的干扰。

图 4-3　现场调查

　　调查期间，研究人员利用事先编制好的"调查记录表"（见附录 B），详细记录了所有在场使用者的即时状态（图 4-4）。其中包括"独处、成对、3~10 人小群体，或 10 以上大群体"等陪伴状态，以及"静坐、散步、跑步或使用健身器械"等使用方式，其目的是为之后判断抽样提供依据。需要说明的是，由于本研究重点关注因健康内需（即使不自觉）而发生的小微公园绿地使用行为，为了能更好地捕捉这种关系而将问卷对象限定为 18 岁以上的成年人。这部分人群面临的生活工作压力可能在不同年龄段间具有明显的梯度变化，从而进

独处静坐休息

结伴运动健身

3~10 人小群体活动

10 人以上大群体活动

图 4-4　典型使用情景

一步表现出具有明显倾向的行为状态或使用动机。

调查问卷的编制受多项国内外研究的启发。问卷编制过程中，组织专家会议对问卷的本地适应性进行了研讨。编制完成后，进行了现场随机样本试用并将试用过程中反映的主要问题融入问卷中。最终，形成了由三部分组成的正式问卷，见附录C。其中：

第一部分是关于小微公园绿地使用的调查（其中还涉及综合公园和私有游园的相关问题）。被调查者需要回答"使用距离"（指到达目的地的实际距离，不特指从家中出发）、"使用背景"（指从哪里来，然后去哪里）、交通方式、使用频率、使用时段、停留时间、使用动机（指使用小微公园绿地的原因），综合公园的使用频率、使用距离、使用时段，是否拥有私有游园，共计11个问题。

第二部分为被调查者的个人基本特征（以下称为"人口学特征"）。其中包括性别、年龄、婚恋状况、教育程度、收入水平（家庭人均月收入）、家庭结构（以"家中是否有学龄前儿童"为指标，简称有孩或无孩，研究表明其也会对城市公园绿地使用产生重要影响），共计6个问题。

第三部分为被调查者的自评健康状况。鉴于面向人群的健康数据收集工作量较大，既往研究大多采用可快速获取研究数据的问卷调查或访谈等方法获取被调查者的自评健康状况（即通过自我报告的方法评价自身健康状况）。其中，作为自然环境改善公共健康的重要内容之一，"情绪健康"(emotional health)因易于被调查者（非专业人士）理解进而做出较为准确评价而成为健康状况的重要研究对象。基于此，本研究重点考察小微公园绿地使用对情绪健康的改善作用。情绪健康的重要衡量指标之一为"情绪效价"(valence)，其是由"积极情绪－消极情绪"维度构成的一种情绪评价指标。参考陈筝等人的研究，问卷中采用"您最近一个月经常感到很高兴"和"您最近一个月经常感到很低落"2个问题分别测量积极情绪和消极情绪，然后予以反向线性叠加得出情绪效价。

调查问卷的发放根据"调查记录表"记录情况采用判断抽样方式。发放之前询问被调查者是否本地居民（是否在本地居住半年以上），若非本地居民，则在说明情况后终止发放，其目的在于保证被调查者对于样本小微公园绿地具有一定的熟悉度。

## 2. 数据分析方法

数据分析方法主要为描述性分析中的"频数分析""交叉分析"，以及回归分析中的"线性回归分析""logistic 回归分析"，前者用于定量描述数据的分布或关联状况，后者用于构建假设自变量和因变量之间的定量关系。

线性回归分析和 logistic 回归分析均归属"广义线性模型"(generalized linear model)，

用于寻找某一结局发生的影响因素或根据某些因素预测结局的发生。二者的区别在于，线性回归分析是一种因变量和自变量为线性关系的统计分析方法，其因变量的类型必须为连续变量，自变量的类型可为连续变量、离散变量、虚拟变量。该方法用于直接检验因变量与自变量的关系，拟合得出的线性回归模型参数估计采用普通最小二乘估计方法，分析结果的重要参数之一是"判定系数"或叫"决定系数"（统计量为 $R^2$），它描述了因变量的变动中由模型的自变量所"解释"的百分比。参考陈筝等人的研究，本研究中线性回归分析用于初步检验小微公园绿地使用的情绪健康效益（主要原因除了数据类型适用外，还在于该方法能从众多情绪健康影响因素中直观体现小微公园绿地使用的贡献）。

logistic 回归分析是一种因变量与自变量为非线性关系的统计分析方法，其因变量须为分类变量，如二分类、多分类变量，自变量的类型可为连续变量、离散变量、虚拟变量。该方法用于检验因变量取某个值的概率与自变量的关系，拟合得出的 Logistic 回归模型参数估计采用最大似然估计方法，分析结果的重要参数之一是"相对风险比"或称为"比值比"（统计量为 $OR$），其中的相对风险指某件事发生概率与不发生概率之比，相对风险比则是不同水平之间风险的比较。参考佩斯沙特（K. K. Peschardt）等人的研究，本研究中 logistic 回归分析用于小微公园绿地使用频率预测分析和使用动机预测分析（主要原因除了数据类型适用外，还在于该方法能直观体现影响因素不同水平之间的差异）。

数据处理工具为 SPSS 软件，版本为中文版 19.0。

# 4.3 研究结果

## 4.3.1 被调查者特征

调查期间，共记录了在场的 3782 个成年使用者，其中不包括从场地中匆匆穿过的行人，共发放问卷 819 份，回收问卷 528 份，问卷回收率为 64.5%，属较好水平，其中有效问卷 406 份，问卷有效率为 76.9%，属正常水平。被调查者的人口学特征见表 4-3。其中，年龄分布与实际观察情况有较大出入。调查记录表显示，小微公园绿地使用者以中老年人居多且多呈小群体聚集状态。不过该部分的占比失真对后续数据分析不会产生大的影响，原因是每个年龄段的样本量都相对较大，基本满足样本代表性的要求。

被调查者人口学特征频数分析结果　　表 4-3

| 人口学特征 | 选项 | 频数 | 比例（%） |
|---|---|---|---|
| 性别 | 女性 | 175 | 43.1 |
| | 男性 | 231 | 56.9 |
| 年龄 | 18~25 岁 | 94 | 23.2 |
| | 26~35 岁 | 134 | 33.0 |
| | 36~45 岁 | 67 | 16.5 |
| | 46~60 岁 | 53 | 13.1 |
| | 60 岁以上 | 58 | 14.2 |
| 婚恋状况 | 非单身 | 209 | 51.5 |
| | 单身 | 197 | 48.5 |
| 教育程度 | 初中以下 | 68 | 16.7 |
| | 高中教育 | 74 | 18.2 |
| | 职业教育 | 150 | 36.9 |
| | 本科以上 | 114 | 28.1 |
| 收入水平 | 3000 元以下 | 126 | 31.0 |
| | 3000~5000 元 | 138 | 34.0 |
| | 5000~7000 元 | 78 | 19.2 |
| | 7000 元以上 | 64 | 15.8 |
| 家庭结构 | 有孩 | 237 | 58.4 |
| | 无孩 | 169 | 41.6 |

## 4.3.2 总体使用情况

总体使用情况的频数分析详见附录 D。重点来说：使用距离方面，所有被调查者在 0~300m、300~500m、500~1000m 这三个通常可接受的中短距离的占比较大，分别是 20.2%、24.1%、19.5%，合计 63.8%；同时，不可忽略的是 2000m 以上的长距离也占有一定比重，为 26.8%。这里有两个值得进一步分析的问题：①不同特征人群在上述三个通常可接受的使用距离上的分布情况如何，因为其涉及不同人群面临的使用机会是否均等；②为什么在 2000m 以上相对不可接受的使用距离上也占有相当比重的人群。关于问题一，结果见中短使用距离与人群特征的交叉分析（图 4-5，其中人群特征为本书 4.3.4 节中显著影响使用频率的人口学因素），进一步分析见本书 4.4.1 节使用机会相关部分。关于问题二，使用距离与使用背景的交叉分析显示（图 4-6），短距离使用与固定场所的关系更为密切，人们常从住所或工作单位到小微公园绿地短暂逗留然后返回；而长距离使用者更多是从某地去往另一地途中，或下班回家经过时使用。可见，在小微公园绿地的使用上除了"短距离固定式"使用模式外，"长距离驿站式"使用模式也应引起关注。

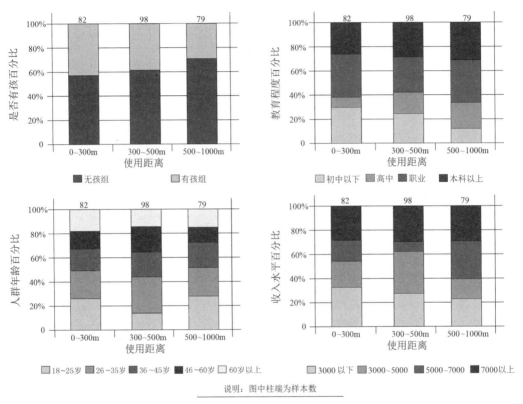

说明：图中柱端为样本数

图4-5　中短使用距离与人群特征的交叉分析

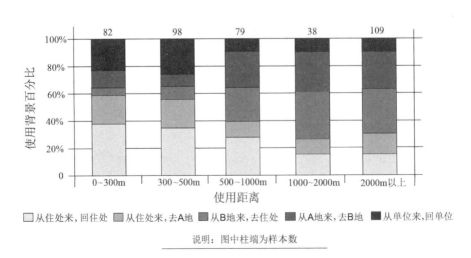

说明：图中柱端为样本数

图4-6　使用距离与使用背景的交叉分析结果

使用动机方面（表4-4），人们对小微公园绿地的使用动机是多方面的，其中"放松减压"(60.6%)、"享受好天气"(47.8%)、"社会交往"(37.1%)、"运动健身"(18.2%) 为主要使用动机。

使用动机频数分析结果　　　　　　　　　　表 4-4

| 使用动机（多选） | 响应人次 | 个案百分比 (%) |
| --- | --- | --- |
| 放松减压（如放松心情、舒缓压力、清醒头脑等） | 237 | 60.6 |
| 享受好天气（如阳光、空气、绿荫等） | 187 | 47.8 |
| 社会交往（如和他人聊天、品茗、棋牌等） | 145 | 37.1 |
| 运动健身（如跑步、散步或使用健身器械） | 71 | 18.2 |
| 观看植物、感受季节变化 | 65 | 16.6 |
| 陪孩子玩耍 | 63 | 16.1 |
| 遛狗 | 20 | 5.1 |
| 其他（如无目的逗留） | 19 | 4.9 |
| 共计 | 807 | 206.4 |

注：表中频数分析结果为多重响应结果。

使用频率方面（图4-7），占比大小依次为每周一次 (25.4%)、每周几次 (21.2%)、每天一次 (17.2%)、第一次来 (13.3%)、更少 (8.9%)、每天几次 (8.8%)、每月一次 (5.2%)。其中，以"每周一次"为界，使用频率出现了明显的分化，使用频率高于和低于此界限的人群数量明显分布不均。基于此，后续4.3.4节中将以"每周至少使用一次"作为 logistic 回归分析因变量处理依据。

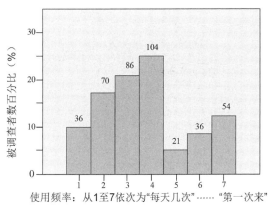

图 4-7　使用频率频数分析

　　其他方面，到访交通方式主要为步行(60.3%)和公共交通(20.9%)，共计81.2%；时段偏好主要为下午(51%)和晚上(30.3%)，共计81.2%；每次停留时间主要为30min左右(34%)、15min左右(26.1%)和1h左右(18.7%)，共计78.8%。

　　此外，从使用距离、使用频率和使用时段"喜欢在工作日还是周末来这里"三方面的对比来看（图4-8），小微公园绿地相对于综合公园的可达性、使用频率明显更高、使用时段在工作日和周末的分布更为均衡。

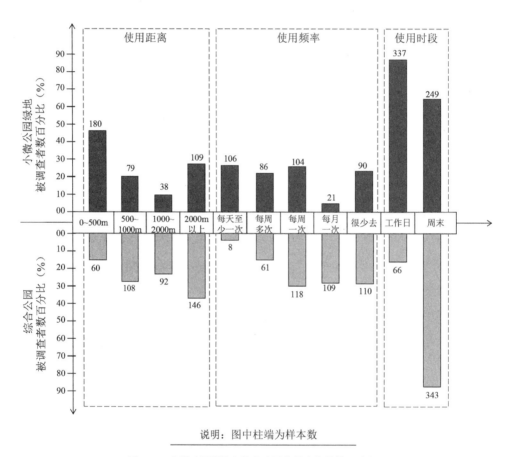

图 4-8　小微公园绿地与综合公园的基本使用情况对比

## 4.3.3 健康效益分析

　　为了评估小微公园绿地使用对情绪健康的影响，参考相关研究的做法，研究以使用频率为自变量、被调查者情绪效价为因变量，在分别定量描述使用频率（见上文总体使用情况相关部分）和情绪效价的基础上，先采用"相关分析"初步查看使用频率以及其他可能影响因素与情绪效价之间的关系，后采用"分步多元线性回归分析"(step-wise multiple linear regression）评估控制其他影响因素条件下使用频率单独所能解释的情绪效价百分比，即量化的小微公园绿地使用对情绪健康的影响。

## 1. 情绪健康的测量结果

从图4-9来看，所有被调查者中平时情绪偏向积极的占62.3%（图中情绪效价为正值部分），平时情绪无明显偏向的占20.6%（图中情绪效价为零值部分），平时偏向消极的占17.1%（图中情绪效价为负值部分）。正态分布检验发现，情绪效价呈右偏分布，符合常规预期（图4-9）。

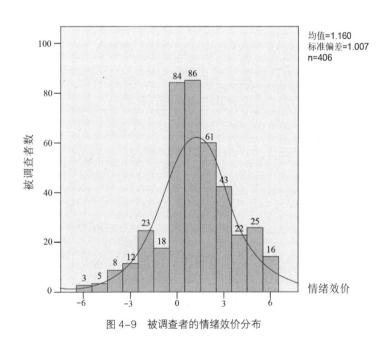

图4-9　被调查者的情绪效价分布

## 2. 小微公园绿地使用对情绪健康的影响

相关分析中，为了较为准确地评价小微公园绿地使用对情绪健康的影响，分析使用频率与情绪效价相关性的同时，还考虑了年龄、性别、工作时间、睡眠时间等主观幸福感构成因素，以及社交状态和人格特征等情绪效价的可能影响因素。其中，社交状态考察了家庭和社会2种关系，分别以"有着融洽的家庭关系"和"经常参加聚会等社交活动"为评价指标；

人格特征中的外向人格评价指标选用了 NEO 人格量表中的"您是个健谈的人吗"和"在社交场合你是否倾向于停留在不显眼的地方";敏感人格评价指标选用了该量表的"您平时的情绪是否时起时落"和"您平时是否会无缘无故感到很惨"。上述拟"控制变量"在调查问卷中均采用从"很不符合"到"极其符合"的 7 阶李克特量表进行测量(见附录 C)。

情绪效价和可能影响因素的皮尔逊相关矩阵    表 4-5

| 观测变量 | 自变量 | | | 控制变量 | | | | | | 因变量 |
|---|---|---|---|---|---|---|---|---|---|---|
| | 使用频率 | 年龄 | 性别 | 工作时间 | 睡眠时间 | 家庭关系 | 社会关系 | 外向人格 | 敏感人格 | 情绪效价 |
| 使用频率 | 1.000 | | | | | | | | | |
| 年龄 | 0.347** | 1.000 | | | | | | | | |
| 性别 | 0.068 | 0.013 | 1.000 | | | | | | | |
| 工作时间 | −0.268** | 0.086 | −0.103 | 1.000 | | | | | | |
| 睡眠时间 | 0.102 | 0.462** | −0.089 | −0.542** | 1.000 | | | | | |
| 家庭关系 | 0.036 | 0.231* | 0.045 | −0.098 | 0.021 | 1.000 | | | | |
| 社会关系 | 0.047 | 0.136 | 0.069 | 0.022 | −0.057 | 0.246* | 1.000 | | | |
| 外向人格 | 0.179* | 0.073 | 0.022 | −0.047 | 0.086 | 0.247** | 0.165** | 1.000 | | |
| 敏感人格 | −0.023 | 0.068 | 0.036 | 0.102 | 0.068 | −0.165** | −0.189** | −0.158** | 1.000 | |
| 情绪效价 | 0.203* | 0.144* | 0.126 | −0.226** | 0.027 | 0.276** | 0.245** | 0.335** | −0.256** | 1.000 |

** 表示 $p$ 值在 0.01 水平上显著, * 表示 $p$ 值在 0.05 水平上显著。

相关分析结果见表 4-5。从中可知,小微公园绿地使用频率与被调查者情绪效价显著相关(相关系数 $r=0.203$, $p < 0.05$)。除此之外,拟控制变量中的年龄(相关系数 $r=0.144$, $p < 0.05$)、工作时间(相关系数 $r=-0.226$, $p < 0.01$)、家庭关系(相关系数 $r=0.276$, $p < 0.01$)、社会关系(相关系数 $r=0.245$, $p < 0.01$)、外向人格(相关系数 $r=0.335$, $p < 0.01$)、敏感人格(相关系数 $r=-0.256$, $p < 0.01$)也与情绪效价显著相关,由此可在进一步分析中起到较好的控制作用。

在相关分析初步查看情绪效价可能影响因素的基础上,研究进一步采用分步多元线性回归分析方法评估了控制其他影响因素条件下，小微公园绿地使用频率单独所能解释的情绪效价百分比（结果见表 4-6）。此过程中，以情绪效价为因变量，自变量进入方式为，先进入相关分析中效应较为明显的年龄、工作时间、家庭关系、社会关系、外向人格、敏感人格等控制变量（第一步），构建模型 1；之后剔除其中不显著变量后（第二步），构建模型 2；再进入研究自变量小微公园绿地使用频率（第三步），构建模型 3。

通过模型的比较发现模型 3 表现最好。当研究自变量"小微公园绿地使用频率"进入模型后，对情绪效价的解释从 24.82%（模型 2，adjusted $R^2$=0.2482）提高至 26.43%（模型 3，adjusted $R^2$=0.2643），提高了 1.61%，并且具有显著性（$p < 0.05$）。该结果意味着，小微公园绿地使用频率每上升 1 个梯度，被调查者的情绪效价增加 0.086 梯度（标准化系数 beta=0.086）。

情绪效价的分步多元线性回归　　表 4-6

| 观察变量 | 第一步 / 模型 1 | | 第二步 / 模型 2 | | 第三步 / 模型 3 | |
|---|---|---|---|---|---|---|
| | beta | p | beta | p | beta | p |
| 年　龄 | 0.047 | 0.436 | — | — | — | — |
| 工作时间 | 0.066 | 0.352 | — | — | — | — |
| 家庭关系 | 0.208 | < 0.01 | 0.213 | < 0.01 | 0.205 | < 0.01 |
| 社会关系 | 0.187 | < 0.01 | 0.194 | < 0.01 | 0.191 | < 0.01 |
| 外向人格 | 0.283 | < 0.01 | 0.297 | < 0.01 | 0.301 | < 0.01 |
| 敏感人格 | −0.201 | < 0.01 | −0.208 | < 0.01 | −0.210 | < 0.01 |
| 使用频率 | — | — | — | — | 0.086 | < 0.05 |
| $F$ | 6.141 | < 0.01 | 12.352 | < 0.01 | 9.867 | < 0.01 |
| $R^2$ | 0.2542 | | 0.2314 | | 0.2646 | |
| adjusted $R^2$ | 0.2201 | | 0.2482 | | 0.2643 | |

注：模型中因变量为情绪效价。

## 4.3.4 使用频率预测

如本书 4.2.1 节相关部分所述，"使用频率"(use frequency) 是本研究中指示小微公园绿地使用的重要指标。以上，以小微公园绿地使用频率为"自变量"的线性逻辑回归分析初步证实了本地背景下小微公园绿地使用的健康效益（其实如本章引文及本书 1.4 节所示，目前已有研究以严格的研究设计对此予以了证实）。在此基础上，作为实证研究的重要内容之一，将进一步以使用频率为因变量研究不同人群在小微公园绿地使用上的差异，以验证本书第 3 章关于自然与健康关系调节因素的理论分析。

为了预测不同人群在小微公园绿地使用频率上的差异，参考相关研究的做法，研究以人口学因素为自变量（由于数据结构相似，"使用机会"的指示指标使用距离也被包括在内），以"每周至少使用一次"为因变量（利用 SPSS 软件在初始使用频率基础上重新编码所得，以此为因变量的原因是初始使用频率的描述性分析显示"每周至少使用一次"的规律比较明显，见图 4-9），在事先进行单因素 logistic 回归分析（所有拟研究自变量在模型中每次只进入一个对因变量进行预测）排除性别、婚恋状况等对使用频率无显著影响的变量的条件下，采用多因素 logistic 回归分析方法（剩余变量均进入回归模型，以矫正混杂因素）对使用频率进行了预测分析。Hosmere-Lemeshow 拟合优度测试显示模型拟合良好。多因素 logistic 回归分析之前的自变量多重共线性测试显示，自变量之间的相关性较低（所有容差大于 0.9），符合多因素 logistic 回归分析的基本要求。

多因素 logistic 回归分析中自变量和因变量的赋值情况见表 4-7，分析结果见表 4-8。

从表 4-8 来看，预测变量中年龄、教育程度、收入水平、家庭结构（是否有学龄前儿童）以及使用距离与使用频率之间具有显著联系 ($p<0.05$)。由于研究重点关注使用频率上的人群差异，以下研究结果的具体解读中仅报告 OR 参数。

（1）年龄方面（18~25 岁组为参照组），随着年龄的增长，每周至少使用一次小微公园绿地的概率也会变大（均显著），见相应的 OR 值。其中，尤为显著的是 60 岁以上老龄组每周至少使用一次小微公园绿地的概率约 7 倍于 18~25 岁低龄组 ($OR$=7.193)。

（2）教育程度方面（本科以上组为参照组），较为显著的是高中教育和职业教育学历人群每周至少使用一次小微公园绿地的概率分别约是本科以上人群的 2.5 倍 ($OR$=2.536) 和 2.7 倍 ($OR$=2.738)。

（3）收入水平方面（7000 元以上组为参照组），较为显著的是月收入为 3000 元以下和 3000~5000 元的中低收入组每周至少使用一次小微公园绿地的概率分别约是 7000 元以上高收入组的 9.2 倍 ($OR$=9.188) 和 4.6 倍 ($OR$=4.640）。

（4）家庭结构方面（无孩组为参照组），有孩组每周至少使用一次小微公园绿地的概率是无孩组的 1.6 倍左右 ($OR$=1.613)。

（5）此外，使用距离对使用频率的影响效应也较为显著，总体呈现出使用距离越近使用频率越高的趋势。其中，0~300m、300~500m、500~1000m 的小微公园绿地被每周至少使用一次的概率分别约是 2000m 以外的 6.8 倍 (*OR*=6.862)，5.2 倍 (*OR*=5.194)，3.8 倍 (*OR*=3.793)。

各变量赋值说明表　　　　　　　　　　　　　　　　　　　　　　表 4-7

| 变量性质 | 变量内容 | 变量水平及赋值 |
| --- | --- | --- |
| 因变量 | 每周至少使用一次 | 2 水平（0= 否，1= 是） |
| 自变量 | 年龄 | 5 水平（0=18~25 岁，1=26~35 岁，2=36~45 岁，3=46~60 岁，4=60 岁以上） |
| | 教育程度 | 4 水平（0= 初中以下，1= 高中教育，2= 职业教育，3= 本科以上） |
| | 收入水平 | 4 水平（0=3000 元以下，1=3000~5000 元，2=5000~7000 元，3=7000 元以上） |
| | 家庭结构 | 2 水平（0= 无孩，1= 有孩） |
| | 使用距离 | 5 水平（0=0~300m，1=300~500m，2=500~1000m，3=1000~2000m，4=2000m 以上） |

使用频率的多因素 logistic 回归分析结果　　　　　　　　　　表 4-8

| 预测变量 | N | 使用频率（3~4 月份期间每周至少使用一次） | | | |
| --- | --- | --- | --- | --- | --- |
| | | crude% | *p* | OR | 95% C. I. |
| 年龄 | | | | | |
| 18~25 岁（参照组） | 94 | 38.3 | | 1 | |
| 26~35 岁 | 134 | 46.3 | 0.014* | 2.313 | 1.185~3.513 |
| 36~45 岁 | 67 | 55.2 | 0.007* | 3.016 | 1.349~4.741 |
| 46~60 岁 | 53 | 73.6 | 0.004* | 4.024 | 1.558~4.396 |
| 60 岁以上 | 58 | 89.7 | 0.001* | 7.193 | 2.143~6.148 |
| 教育程度 | | | | | |
| 初中以下 | 68 | 83.8 | 0.116 | 2.323 | 0.812~3.640 |
| 高中教育 | 74 | 67.6 | 0.022* | 2.536 | 1.144~4.623 |
| 职业教育 | 150 | 57.3 | 0.002* | 2.738 | 1.461~5.133 |
| 本科以上（参照组） | 114 | 28.9 | | 1 | |
| 收入水平 | | | | | |
| 3000 元以下 | 126 | 85.7 | 0.000* | 9.188 | 3.601~6.440 |

续表

| 预测变量 | N | 使用频率（3~4 月份期间每周至少使用一次） | | | |
|---|---|---|---|---|---|
| | | crude% | p | OR | 95% C. I. |
| 3000~5000 元 | 138 | 60.9 | 0.000* | 4.640 | 2.119~5.158 |
| 5000~7000 元 | 78 | 24.4 | 0.897 | 0.943 | 0.389~2.258 |
| 7000 元以上（参照组） | 64 | 23.4 | | 1 | |
| 是否有学龄前儿童 | | | | | |
| 有孩 | 237 | 71.7 | 0.026* | 1.613 | 1.060~2.456 |
| 无孩（参照组） | 169 | 63.3 | | 1 | |
| 使用距离 | | | | | |
| 0~300m | 82 | 74.4 | 0.000* | 6.862 | 3.133~6.028 |
| 300~500m | 98 | 69.4 | 0.000* | 5.194 | 2.505~5.770 |
| 500~1000m | 79 | 59.5 | 0.000* | 3.793 | 1.810~3.946 |
| 1000~2000m | 38 | 50.0 | 0.170 | 1.084 | 1.223~4.774 |
| 大于 2000m（参照组） | 109 | 28.4 | | 1 | |

注：crude% 表示被调查者中选择"是"的百分比，OR 为 adjusted OR，95% C. I. 表示 OR 值的 95% 置信区间，* 表示 p 值在 0.05 水平上显著。

## 4.3.5 使用动机预测

如本书 3.3.2 节中"调节机制"部分所述，"使用动机"可能是影响自然环境使用的重要机制。其中，"动机"(motivation) 是指为满足某种内在需求如某种特定的心理状态或效益而产生的个体内部的不平衡状态，其是促使人类行为发生的基本力量之一。动机作为行为过程中的一个中介变量，在行为产生前就已存在，并以隐蔽内在方式支配着行为的方向性和强度。可以说，有什么样的动机就会表现出什么样的行为。动机的产生受内外两种因素的共同影响，一方面内在需求和期望是行为的直接推动力量，需求一旦产生，就成为一种刺激，人的行为动机就是在这种刺激下产生的；另一方面外在环境则作为诱因，引导个体趋向于特定的目标，诱因是能够激起有机体的定向行为，并能满足某种需求的外部条件或刺激物，有时即使有机体没有特别强烈的内在需求，外在诱因也可能成为动机产生的一个条件。人们对公园绿地的不同使用动机映射了其对公园绿地的不同需求和期望，也因此会对公园绿地的（最终）使用产生重要影响，而了解公园绿地使用动机在不同人群中的分布状况，将有助于理解不同人群在公园绿地（最终）使用上的差异。更重要的是，关于公园绿地使用动机的研究可帮助决策者提升城市公园绿地的服务水平，更好地满足公众的需求和期望。

基于此，为了识别使用动机在不同人群上的表现差异，以性别、年龄、婚恋状况、教育程度、收入水平等人口学因素为自变量，以放松减压、享受好天气、社会交往、运动健身4个主要动机分别为因变量，采用多因素 logistic 回归分析（自变量均进入回归模型，以矫正混杂因素）对使用动机进行了预测。Hosmere-Lemeshow 拟合优度测试显示4个模型均拟合良好。多因素 logistic 回归分析之前的自变量多重共线性测试显示，自变量之间的相关性较低。

多因素 logistic 回归分析中各变量的赋值见表 4-9，分析结果见表 4-10。

从分析结果来看，在所有预测变量中，性别、年龄或收入水平与使用动机之间具有显著关系（$p<0.05$）。具体来说：

（1）性别方面（男性组为参照组），相对于男性使用者，女性使用者更倾向于来小微公园绿地"放松减压"（$OR=3.985$），但是以"社会交往"为动机的概率仅是男性使用者的一半左右（$OR=0.473$）。

（2）年龄方面（60岁以上老龄组为参照组），18~25岁和26~35岁的低龄组相对于60岁以上老龄组更倾向于来小微公园绿地"放松减压"（18~25岁 $OR=9.602$，26~35岁 $OR=2.343$），46~60岁组以"放松减压"为动机的概率仅是60岁以上老龄组的1/3左右（$OR=0.356$）；18~25岁组、26~35岁组和36~45岁组以"社会交往"为动机的概率普遍相对于60岁以上老龄组更低（18~25岁 $OR=0.11$，26~35岁 $OR=0.3$，36~45岁 $OR=0.375$）；18~25岁组和26~35岁组以"运动健身"为动机的概率也相对60岁以上老龄组更低（18~25岁 $OR=0.258$，26~35岁 $OR=0.252$）。

（3）收入方面（7000元以上组为参照组），相对于月收入7000元以上的高收入人群，月收入3000元人群来小微公园绿地进行"放松减压""社会交往""运动健身"的可能性均更高（$OR$ 值分别为3.924、3.304、3.369）；月收入3000~5000元和5000~7000元人群相对于月收入为7000元以上人群来小微公园绿地进行"社会交往"的可能性更高（3000~5000元 $OR=1.339$，5000~7000元 $OR=1.329$）。

（4）所有人口学预测变量对"享受好天气"动机的预测均不具备统计显著性（$p>0.05$），说明该动机与人口学因素的关联性可能很小，或者说不会随着人口学变量的变化而表现出明显的规律。

各变量赋值说明表 表 4-9

| 变量性质 | 变量内容 | 变量水平及赋值 |
| --- | --- | --- |
| 因变量 | 放松减压 | 2 水平（0= 否，1= 是） |
| | 享受好天气 | 2 水平（0= 否，1= 是） |
| | 社会交往 | 2 水平（0= 否，1= 是） |
| | 运动健身 | 2 水平（0= 否，1= 是） |
| 自变量 | 性别 | 2 水平（0= 女性，1= 男性） |
| | 年龄 | 5 水平（0=18~25 岁，1=26~35 岁，2=36~45 岁，3=46~60 岁，4=60 岁以上） |
| | 婚恋状况 | 2 水平（0= 单身，1= 非单身） |
| | 教育程度 | 4 水平（0= 初中以下，1= 高中教育，2= 职业教育，3= 本科以上） |
| | 收入水平 | 4 水平（0=3000 元以下，1=3000~5000 元，2=5000~7000 元，3=7000 元以上） |
| | 家庭结构 | 2 水平（0= 无孩，1= 有孩） |

主要使用动机的多因素 logistic 回归分析（均参照最后一项） 表 4-10

| 预测变量 | N | 放松减压 | | | | 享受好天气 | | | |
| --- | --- | --- | --- | --- | --- | --- | --- | --- | --- |
| | | crude% | p | OR | 95% C.I. | crude% | p | OR | 95% C. I. |
| 性别 | | | | | | | | | |
| 女性 | 175 | 74.3 | 0.000* | 3.985 | 2.464~4.445 | 42.9 | 0.518 | 0.871 | 0.572~1.325 |
| 男性 | 231 | 46.3 | | 1 | | 48.5 | | 1 | |
| 年龄 | | | | | | | | | |
| 18~25 岁 | 94 | 83.0 | 0.000* | 9.602 | 3.818~5.149 | 40.4 | 0.532 | 0.735 | 0.280~1.929 |
| 26~35 岁 | 134 | 58.2 | 0.038* | 2.343 | 1.048~5.236 | 47.8 | 0.945 | 0.969 | 0.394~2.384 |
| 36~45 岁 | 67 | 53.7 | 0.173 | 1.826 | 0.769~3.337 | 41.8 | 0.205 | 0.574 | 0.244~1.354 |
| 46~60 岁 | 53 | 28.3 | 0.022* | 0.356 | 0.147~0.859 | 43.4 | 0.159 | 0.562 | 0.252~1.254 |
| 60 岁以上 | 58 | 51.7 | | 1 | | 58.6 | | 1 | |
| 婚恋状况 | | | | | | | | | |
| 单身 | 197 | 68.5 | 0.687 | 1.135 | 0.613~2.102 | 40.6 | 0.052 | 0.566 | 0.320~0.999 |
| 非单身 | 209 | 48.8 | | 1 | | 51.2 | | 1 | |
| 教育程度 | | | | | | | | | |
| 初中以下 | 68 | 45.6 | 0.238 | 0.584 | 0.239~1.427 | 48.5 | 0.820 | 1.098 | 0.489~2.465 |

续表

| 预测变量 | N | 放松减压 | | | | 享受好天气 | | | |
|---|---|---|---|---|---|---|---|---|---|
| | | crude% | p | OR | 95% C.I. | crude% | p | OR | 95% C.I. |
| 高中教育 | 74 | 58.1 | 0.237 | 0.635 | 0.299~1.347 | 60.8 | 0.054 | 1.948 | 0.988~3.840 |
| 职业教育 | 150 | 61.3 | 0.140 | 0.633 | 0.345~1.162 | 40.7 | 0.755 | 0.918 | 0.537~1.569 |
| 本科以上 | 114 | 62.3 | | 1 | | 42.1 | | 1 | |
| 收入水平 | | | | | | | | | |
| 3000 元以下 | 126 | 62.7 | 0.001* | 3.924 | 1.766~3.718 | 46.8 | 0.646 | 0.833 | 0.382~1.815 |
| 3000~5000 元 | 138 | 60.1 | 0.234 | 1.515 | 0.765~3.003 | 52.2 | 0.262 | 1.462 | 0.752~2.843 |
| 5000~7000 元 | 78 | 60.3 | 0.158 | 1.709 | 0.812~3.595 | 37.2 | 0.576 | 0.817 | 0.401~1.662 |
| 7000 元以上 | 64 | 43.8 | | 1 | | 42.2 | | 1 | |

续表

| 预测变量 | N | 社会交往 | | | | 运动健身 | | | |
|---|---|---|---|---|---|---|---|---|---|
| | | crude% | p | OR | 95% C.I. | crude% | p | OR | 95% C.I. |
| 性别 | | | | | | | | | |
| 女性 | 175 | 27.4 | 0.006* | 0.473 | 0.276~0.810 | 18.9 | 0.486 | 1.221 | 0.697~2.137 |
| 男性 | 231 | 42.0 | | 1 | | 10.5 | | 1 | |
| 年龄 | | | | | | | | | |
| 18~25 岁 | 94 | 8.5 | 0.000* | 0.110 | 0.003~0.043 | 10.6 | 0.031* | 0.258 | 0.076~0.883 |
| 26~35 岁 | 134 | 20.1 | 0.000* | 0.300 | 0.009~0.096 | 11.2 | 0.013* | 0.252 | 0.085~0.743 |
| 36~45 岁 | 67 | 37.3 | 0.000* | 0.375 | 0.030~0.239 | 19.4 | 0.156 | 0.492 | 0.185~1.311 |
| 46~60 岁 | 53 | 67.9 | 0.046 | 0.850 | 0.141~0.981 | 18.9 | 0.079 | 0.435 | 0.172~1.100 |
| 60 岁以上 | 58 | 84.5 | | 1 | | 39.7 | | 1 | |
| 婚恋状况 | | | | | | | | | |
| 单身 | 197 | 18.8 | 0.581 | 0.221 | 0.601~2.481 | 11.7 | 0.714 | 0.862 | 0.390~1.906 |
| 非单身 | 209 | 51.7 | | 1 | | 23.0 | | 1 | |
| 教育程度 | | | | | | | | | |
| 初中以下 | 68 | 69.1 | 0.474 | 1.427 | 0.539~3.775 | 23.5 | 0.394 | 0.632 | 0.220~1.817 |
| 高中教育 | 74 | 37.8 | 0.613 | 1.249 | 0.527~2.959 | 25.7 | 0.440 | 1.445 | 0.568~3.674 |

| 预测变量 | N | 社会交往 | | | | 运动健身 | | | |
|---|---|---|---|---|---|---|---|---|---|
| | | crude% | p | OR | 95% C.I. | crude% | p | OR | 95% C.I. |
| 职业教育 | 150 | 25.3 | 0.416 | 1.327 | 0.671~2.622 | 16.0 | 0.471 | 1.345 | 0.601~3.008 |
| 本科以上 | 114 | 28.1 | | 1 | | 10.5 | | 1 | |
| 收入水平 | | | | | | | | | |
| 3000 元以下 | 126 | 52.4 | 0.011* | 3.304 | 0.122~0.760 | 31.0 | 0.041* | 3.369 | 1.050~2.809 |
| 3000~5000 元 | 138 | 23.9 | 0.007* | 1.339 | 0.154~0.744 | 13.0 | 0.369 | 1.665 | 0.548~5.058 |
| 5000~7000 元 | 78 | 23.1 | 0.009* | 1.329 | 0.142~0.758 | 11.5 | 0.512 | 1.486 | 0.455~4.857 |
| 7000 元以上 | 64 | 18.8 | | 1 | | 7.8 | | 1 | |

注：crude% 表示被调查者中选择"是"的百分比，OR 为 adjusted OR，95% C.I. 表示 OR 值的 95% 置信区间，* 表示 p 值在 0.05 水平上显著。

# 4.4 讨论分析

## 4.4.1 结果讨论

### 1. 从总体使用情况来看

相对于综合公园，人们更倾向于在日常生活中就近使用小微公园绿地。究其原因，除了综合公园可达性差、居民日常休闲时间少等结构性约束外，小微公园绿地提供的接触草地、树木、水体和阳光的机会也能在一定程度上满足人们亲近自然的需求。进一步来说，虽然此类绿地受场地规模限制而无法提供更多的游憩机会，但是在人们对它的主要需求上与其他公园绿地是一致的，如放松减压、享受好天气、社会交往以及运动健身等。这些需求与静态化且充满压力的城市生活方式不无关系。相对于那些缺乏植被、以灰色空间为主的城市景观，绿色景观更能鼓励人们进行身体锻炼和放松减压。

另外，从仅有 37.5% 的被调查者拥有私有游园和 84.4% 选择在周末访问综合公园的情况来看（见附录 D），人们可能不是因为更加偏好而优先在日常生活中使用小微公园绿地，而是现实约束下对自然环境需求的一种"补偿行为"(compensation behaviour)。这一结果与丹麦学者佩斯沙特的研究基本一致。然而，其并不意味着人们会因就近没有可得的公园绿地而去更远的地方来满足亲近自然的需求。表 4-6 中，随着使用距离的增加使用频率的显著下降证实了这一说法。由此可见，人们可能在不同类型的公园绿地之间表现出互相补偿的行为，但这种补偿行为总体上不会突破使用距离（可达性）的限制。

## 2. 从健康效益分析来看

小微公园绿地使用对人的情绪健康具有一定改善作用。该结果与国内学者近期针对城市公园使用对情绪健康的影响，以及校园绿地访问行为对情绪健康的影响的结果较为一致，表明同其他城市绿地相似，小微公园绿地亦能发挥一定的健康改善作用。然而，以上研究均显示城市绿地影响健康的效应非常有限，如本研究中发现的小微公园绿地使用频率仅能解释情绪效价变化中的 1.61%，小微公园绿地使用频率每上升 1 个梯度，被调查者的情绪效价增加 0.086 梯度（见表 4-6）。尽管健康效益有限，但也不可忽略。流行病学领域的一个基本观点是，处于低疾病风险的大规模人群最终患病的量级要远大于处于高疾病风险的小规模人群，与此对应，旨在改善大规模人群健康的举措即使效应有限也要相对于旨在改善小规模人群健康的高效举措更能降低疾病总负担。因此，即使小微公园绿地的健康效益有限，但因其具备数量大、分布广、可达性强、相对易于改造等特点而拥有大量潜在使用人群以及不可忽略的健康改善潜力。从这种意义上讲，小微公园绿地是一种重要的健康资源，尤其应在自然资源紧缺的高密度城市中加以重视。

## 3. 从使用频率预测来看

小微公园绿地使用具有显著的社会分异性。具体表现为不同年龄、教育程度、收入水平以及家庭结构（有孩或无孩）人群在使用频率上的显著差异，中低收入、中低教育、老龄以及有孩人群具有相对更高的使用频率。这里的"社会分异性"是指，处于不同社会分层等级的群体拥有某种物品的空间差异性或消费某种物品的特征差异性。上述研究结果同既往部分研究的结果相一致。同时，也支持了本书第 3 章关于不同人群在"使用自然"环节表现差异的理论分析。该结果一方面说明现存小微公园绿地没有被充分使用（这里主要指人群分异意义上的使用不充分，因为还没有普遍认可的关于使用充分与否的绝对标准），仍有较大的通过促进小微公园绿地使用来提升公共健康的空间；另一方面意味着小微公园绿地对于社会弱势群体的健康改善具有重要价值。

关于后者，众所周知，收入水平、教育程度、年龄大小等因素本身与健康直接相关，如富裕人群相对于贫困人群的健康状况更加良好、老龄人群相对于低龄人群的健康状况普遍较差。由上述因素的不同而导致的社会资源获取能力上的差异，如对分布不均衡的城市综合公园的获取，可进一步加剧不同社会阶层之间的"健康不公平"（health inequality，指不同社会经济地位的个体或群体之间具有系统性差异的健康水平，如学者认为穷人、少数族裔、妇女、儿童等群体比其他社会群体遭遇更多的健康风险和疾病等社会不平等现象，从本质上讲，健康不公平是社会不公平的一种表现形式）。本研究结果中，中低收入、中低教育、老龄人群相对更高的使用频率意味着，在高密度城市中小微公园绿地对于改善与经济、教育和年龄相关的健康不公平具有重要意义。其实，城市公园绿地作为城市公共设施和社会空间网络的重要组成部分，对其社会属性的强调由来已久，特别是 20 世纪 90 年代以来经济全球化、文化多元化、社会群落马赛克化背景下更为强调。强调公园绿地的社会属性，即是要关注不同种族、文化、阶层、年龄等社会群落并充分满足各种马赛克式城市文化的需求和愿望。简言之，即是要公平地服务于社会各阶层。既往多数关于城市综合公园的研究表明，低收入、低教育或老龄人群等社会"弱势群体"在拥有和使用此类公园绿地上存在不公平现象。从这种意义上讲，作为城市公园绿地的重要组成部分，在高密度城市中，小微公园绿地可能在促进社会公平以及健康公平中发挥着重要作用。

关于"小微公园绿地使用显著社会分析性"形成原因的解释，据本书 3.3.2 节相关部分，可从"使用机会"和"使用动机"方面进行。就使用机会（研究中以使用距离为指标）来说，虽然使用距离对使用频率的影响较为显著（使用距离越近使用频率越高，见表 4-8），但是如前所述所有被调查者中 20.2% 的使用距离在 0~300m、24.1% 的使用距离在 300~500m、19.5% 的使用距离在 500~1000m（见本书 4.3.2 节相关内容）；并且在不同使用距离上的人群类型基本相当或呈现与使用频率预测相反的情况，如无孩组在三个使用距离上的占比均略高于有孩组，但实际上有孩组的使用频率相对更高（图 4-7）。也就是说，有超过 60% 的被调查者在 1000m 以内通常可接受的使用距离获取小微公园绿地的机会基本均等。以上分析意味着，削弱距离的不利影响可能不会明显提升大部分人群的小微公园绿地使用频率。

尽管该结论值得商榷，但也不乏合理性。近年来，为加快建成"碧水蓝天、森林环绕、绿树成荫"的美丽中国典范城市，重现"绿满蓉城、花重锦官、水润天府"盛景，成都市在"成都增绿十条"等一系列旨在"全域增绿"的行动中对中心城区，尤其是城市中心区"小游园""微绿地"等城市小微公园绿地进行了重点打造，正在逐步实现"300 米见绿、500 米见园"的目标。由此，可以说本研究中"人们对小微公园绿地的使用具有显著的社会分异性"的主要原因不在于使用机会的不同，可能在于不同特征人群在使用动机上的差异。

## 4. 从使用动机预测来看

人们对小微公园绿地的使用动机在不同年龄、性别或收入人群中的分布具有显著差异。具体表现为，不同年龄之间，老龄人群更倾向于社会交往和运动健身，低龄人群更倾向于放松减压；男女性之间，女性更倾向于放松减压，男性更倾向于社会交往；不同收入之间，中低收入人群相对高收入人群更倾向于放松减压、社会交往和运动健身。该结果与使用频率预测中的"中低收入、中低教育、老龄以及有孩人群具有相对更高的使用频率"几乎呈对应关系。对此可能的解释是，人口学因素息息相关的社会经济状况、生活方式或个人原因等对使用动机具有强烈的塑造作用，并会进一步影响使用频率。

具体来说，本研究中，相对于高收入人群，中低收入人群可能因经济条件的限制而在能满足放松减压、社会交往和运动健身需求的其他可替代方式的选择上能力较弱，进而一定程度上造成其对方便易得的小微公园绿地的使用频率相对较高。老龄人群可能因缺少陪伴、生活方式单一或更为关注健康而选择社会交往和运动健身，进而亦表现出相对更高的小微公园绿地使用频率；低龄人群可能出于放松减压（如当前年轻人普遍面临的来自工作、婚姻、住房等方面的压力）的原因来使用小微公园绿地，但因其生活方式的多元化而在放松减压可代替方式上的选择较多，由此可能不会经常光顾。有孩人群则出于陪伴孩子的需要，而表现出比无孩人群更高的使用频率。性别差异方面目前仍缺乏合理的解释，可能的原因是女性相对于男性更易感压力但对社会交往的需求相对更低，不过，这种使用动机上的显著性别差异可能不会造成男女性在小微公园绿地使用上的显著不同（本书 4.3.4 节中使用频率单因素 logistic 回归分析显示其效应不显著）。此外，尽管本研究中教育程度对使用动机的预测不显著，但是中低教育程度人群相对更高的使用频率可能也与使用动机有关，因为教育程度与收入水平间存在一定联系。

以上分析不仅进一步说明使用动机对小微公园绿地使用频率有着重要影响，还意味着地域情况的不同可能造成地域间人群使用动机的显著差异，因为塑造使用动机的社会经济状况、生活方式等可能在不同地域间具有显著差异。关于后者，北欧发达国家丹麦的一项研究显示，低龄人群更喜欢来小微公园绿地进行社会交往，老龄人群则更倾向于放松减压，而本书研究结果与此相反。因此，关于使用动机的研究不可一概而论，旨在提升小微公园绿地使用的规划设计措施应立足本地实际，以本地不同社会阶层的需求（使用动机）为导向确立小微公园绿地规划设计的重点。此外，除了回应使用动机外，还应关注本书 4.3.2 节中发现的"长距离驿站式"使用模式（占所有被调查者的 26.8%）。对此，通过增加小微公园绿地数量、缩短使用距离等措施可能会因显著增加使用机会而提升使用频率。但是，由于这部分人的行为轨迹带有很大的不确定性，具体在哪些空间节点进行选址将是规划设计的难点。

## 4.4.2 不足之处

（1）研究所选小微公园绿地样本数量相对较小，以此为基础进行的小微公园绿地使用及其健康效益和供给端影响因素分析可能不足以反映研究区域内小微公园绿地总体的相关情况，但因执行了较为严格的选样流程而具有一定的代表性，不会因此对研究结果造成严重影响。

（2）囿于现场调查方法本身的制约，只分析了在场人群的使用情况，对于没有观察到或完全不使用人群的行为模式或原因未做进一步分析，导致研究结果具有一定局限性。此问题是现场研究难以回避的，未来应进一步探索现场和非现场（如网络或邮寄调查）相结合的方法。但是，如果面对二者择一的情况，普遍认为现场调查具有较高的生态效度。因为人的行为和感受部分取决于环境背景，为了准确地理解其间的交互作用、获取使用者较为真实的信息，有必要在真实环境进行研究。

（3）健康效益分析中健康指标的选择较为单一，限于其他健康指标数据获取的难度而没能全面考察小微公园绿地使用的健康效益；研究设计为横断面调查，分析结果为相关关系，仅表明小微公园绿地使用可能改善情绪健康；此外，分析结果较为粗糙，没有细化至不同人口学特征人群的健康获益差异。

（4）为了保持研究主线清晰和研究内容具有一定深度，同时也因研究数据收集的困难，研究中明确造成小微公园绿地使用具有显著社会分析性的"主要原因"（不同特征人群在使用动机上的显著差异）后，未对"次要原因"（与小微公园绿地规划布局密切相关的使用机会相关问题）进行深入分析。

## 4.5 本章小结

从上章构建的"现实关联路径概念模型"中影响自然与健康关系的调节因素切入，本章具体以成都市中心区小微公园绿地及其使用者为研究对象，采用多个案现场研究方法，探讨了四个逻辑上相互关联的问题。

（1）在高密度城市中小微公园绿地与综合公园扮演的角色有何不同？关于总体使用情况的描述性分析结果显示，小微公园绿地相对于综合公园更容易被人们在日常生活中就近使用。然而，该结果并不意味着小微公园绿地能够完全替代综合公园。人们可能不是因为更加偏好而优先在日常生活中使用小微公园绿地，而是现实约束下对自然环境需求的一种"补偿行为"。

（2）人们是否能从小微公园绿地使用中获取一定健康效益？对此，以情绪效价为健康指标的相关分析和分步多元线性回归分析结果显示，小微公园绿地使用频率能解释情绪效价变化中的 1.61%，使用频率每上升 1 个梯度，被调查者的情绪效价增加 0.086 梯度。虽然健康效益有限，但因其数量大、分布广、可达性强等特点而拥有大量潜在使用人群以及不可忽略的健康改善潜力。该结果意味着，小微公园绿地很可能成为高密度城市中促进公共健康的潜力资源，未来以健康为导向的城市绿地研究和实践有必要将其作为一个重要类别，并可参考如第 3 章提出的"自然与健康现实关联路径概念模型"开展更加系统的研究。

（3）在小微公园绿地的使用上哪些人口学特征与之显著相关以及不同人群之间的定量关系如何？关于使用频率的多因素 logistic 回归分析结果显示，人们对小微公园绿地的使用具有显著的社会分异性，具体表现为不同收入、教育、年龄及家庭结构的人群在使用频率上的显著差异。其中，中低收入、中低教育、老龄及有孩人群具有相对更高的使用频率意味着，在高密度城市中小微公园绿地对于改善与经济、教育和年龄相关的健康不公平具有重要意义。进一步，以使用距离为使用机会指标的分析表明，造成社会分异性的主要原因不在于相应人群面临更多的小微公园绿地使用机会，更可能在于不同社会人口、社会经济特征的人群在使用动机上的不同。

（4）小微公园绿地使用动机随着人口学特征的不同而表现出怎样的数理规律？关于使用动机的多因素 logistic 回归分析结果显示，放松减压、社会交往、运动健身等主要使用动机在不同年龄、性别或收入人群中的分布具有较大差异。具体表现为，不同年龄之间，老龄人群更倾向于社会交往和运动健身，低龄人群更倾向于放松减压；男女性之间，女性更倾向于放松减压，男性更倾向于社会交往；不同收入之间，中低收入人群相对高收入人群更倾向于放松减压、社会交往和运动健身。进一步分析显示，小微公园绿地使用动机的差异化可归因于不同特征人群的社会经济状况、生活方式偏好或个人原因的不同，并且这种差异可在很大程度上解释使用频率上的差异，如相对高收入人群，中低收入人群对小微公园绿地的放松减压、社会交往以及运动健身动机更明显，使用频率也相对更高。

# 第 **5** 章

小微公园

绿地使用

供给端

影响因素

根据本书 3.3.2 节所引社会—生态理论，不是所有人对自然环境提供的生态系统文化服务都具有相同的需求，如由不同社会人口、社会经济、个人偏好以及价值取向等因素造成的需求差异；同理，也并非所有自然环境都提供相同的生态系统文化服务，如由不同的场地面积、组成要素、空间布局以及游憩设施等因素造成的供给差异；只有在人的需求和自然环境的供给相匹配的条件下，真实的自然环境使用行为才能发生。依此逻辑，上一章在初步证明小微公园绿地健康效益的基础上，重点分析了小微公园绿地使用的社会分异现象、造成此现象的主要原因并以此为问题导向进一步分析了主要使用动机在不同特征人群中的分布情况（即分析了影响小微公园绿地使用的需求端因素）。然而，由于塑造使用动机的年龄、性别、收入水平等社会人口和社会经济因素本身难以改变，旨在干预使用动机的规划设计措施只能从可改变的小微公园绿地物质环境特征入手。研究显示，物质环境特征（即供给端相关因素）可通过影响使用动机而对公园绿地的最终使用产生影响。

基于此，作为本书依托高密度城市小微公园绿地针对调节因素实证研究的重要组成部分，本章将进一步研究小微公园绿地物质环境特征与使用动机的关系，以明确可显著影响使用的具体环境特征及其影响方式，进而试图梳理出契合高密度城市特点的基于自然的健康促进的重点。

# 5.1 方法技术

作为上一章实证研究的延续，本章的研究对象仍为之前选定的 11 个小微公园绿地研究样本及其使用者，研究方法亦同上章的"多个案现场研究法 + 统计分析法"，只是由于研究目的和数据结构等的不同而在具体统计分析方法上有所差异，详见 5.1.3 节。

## 5.1.1 使用动机指标选取与数据来源

在 2016 年和 2017 年的 3、4 月份的现场问卷调查中（详见本书 4.2.3 节），采用半开放式多选题目"您来这里的主要原因是什么"以及现场访谈获取小微公园绿地使用动机。该题目包含 8 个选项，分别是：①"放松减压"（如放松心情、舒缓压力、清醒头脑等）；②"社会交往"（如和他人聊天、品茗、棋牌等）；③"运动健身"（如跑步、散步或使用健身器械）；④"享受好天气"（如阳光、空气、绿荫等）；⑤"观看植物、感受季节变化"；

⑥"陪孩子玩耍";⑦"遛狗";⑧"其他"(如无目的逗留等)。这一获取使用动机的方法已在多项相关研究中运用。例如,单习章(Shan Xi Zhang)在广州开展的关于城市公园绿地使用动机与使用者社会人口因素之间关系的研究,施普瑞恩(J. Schipperijn)等针对丹麦城市公园绿地使用动机的调查,以及佩斯沙特等针对哥本哈根小微公园绿地使用动机的研究。因此,可以说该方法一定程度上是常用和可靠的。通过对406份有效问卷的频数分析,结果显示人们访问小微公园绿地的动机依次是"放松减压"(60.6%),"享受好天气"(47.8%),"社会交往"(37.1%),"运动健身"(18.2%),"观看植物、感受季节变化"(16.6%),"陪孩子玩耍"(16.1%),"遛狗"(5.1%)以及其他(4.9%)(详见表4-4)。

由"3.2.2理论关联路径主要内容"可知,从自然到健康的中介效益主要为"心理恢复""社会凝聚""体力活动"。据此,后续有关"环境特征—使用动机"的统计分析中将以"放松减压""社会交往""运动健身"为典型使用动机(同时它们也是调查结果所显示的主要使用动机)。需要说明的是,以下不细究各使用动机之间的交叉重叠问题,如基于小微公园绿地的社会交往和运动健身均可能部分地与放松减压有关,谨以使用者的现场作答为准。

## 5.1.2 环境特征指标选取与数据来源

本书3.3.2节"调节因素及其机制"相关部分概述了影响自然环境使用的供给端相关因素,这里需要做的工作是进一步根据既往研究将其具体化并选出与城市小微公园绿地相匹配的指标。尽管以下将要讨论的环境特征与使用动机之间的关系已在过去多项研究中体现,但是各研究间结论不尽一致,且主要来源于其他地域的城市综合公园研究。受研究对象所在城市的城市结构,当地社会、经济和文化背景,以及研究对象本身等因素的影响,现有研究结论不一定适用于本研究中成都市中心区的小微公园绿地。因此,有必要开展针对本地实际的研究。

在有关"环境—行为"关系中所应关注的物质环境特征的研究上,塞伦斯(B. E. Saelens)等人针对既往研究的不足开发了"公共游憩空间环境评价法"(environmental assessment of public recreation spaces, EAPRS)。通过对大量专业人士和经常访问城市公园绿地的使用者的访谈以及对所获数据的多轮现场测试,从中提取了公共游憩空间的物质要素范围,共40项评价内容。该评价方法被证明具有良好的"评分者间信度"(interrater reliability),特别是被用于评价基础设施和游憩设施时。目前,EAPRS方法及其结论已被广泛用于城市公园绿地的评价。例如,卡钦斯基(A. T. Kaczynski)利用塞伦斯等研究所得的40项评价内容中的28项,评价了社区公园的物质环境特征;受此启发,席佩赖恩等在一项有关公园绿地环境特征与体力活动关系的研究中,利用EAPRS要素的"有或无"描述了公园绿地物质环境特征;国内的陈菲等人以哈尔滨、长春等寒地城市为例，利用此评价方法提取了寒地城市公共空间景观活力影响因子。

佩斯沙特等在关于丹麦口袋公园使用动机的研究中，将EAPRS用于确定所应关注的物质环境特征。他们在排除若干只适用于综合公园的条目（如野生动物区、开敞大草坪等），以及仅出现于一个或出现于全部研究样本的条目（此情况无法在数据分析中将行为变化归因于具体的环境特征）之后，将剩余的9项用于下一步分析。参考该研究的做法并根据本研究所选样本的实际情况（图5-1），研究采纳EAPRS要素中的8项内容作为本研究的部分评价

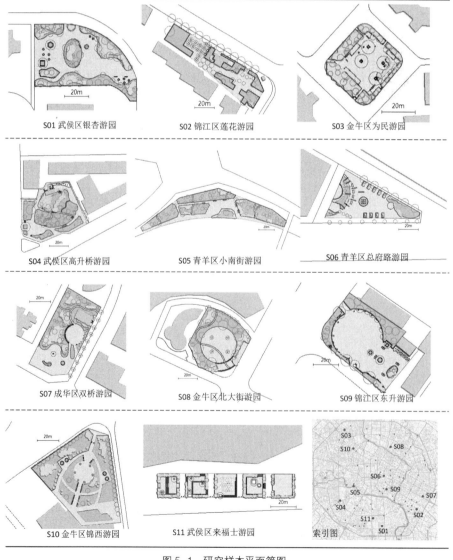

图 5-1　研究样本平面简图

指标并采用现场观察方法做出"有或无"的定性评价。这 8 项 EAPRS 要素具体为：①"地形变化"（场地是否有明显的微地形变化）；②"园路形式"（硬铺或自然）；③"文化元素"（雕塑、喷泉、文化石等）；④"休憩设施"（亭、廊、花架等，不包括共有的普通座椅）；⑤"游乐设施"（滑梯、健身器械等）；⑥"特殊植被"（花境、造型灌木）；⑦"集散空间"（大于 20m×20m 的空地）；⑧"园外干扰"（主要指园外人流和车流等的干扰程度）。

　　除了以上划分较细的 EAPRS 要素外，绿化水平、场地面积、场地形状等也可影响使用者的心理需求和外在行为。研究显示，场地的绿化水平越高其间发生的活动类型越丰富、审美和自陈健康评价越高；乔木、灌木、草本的不同组合方式（如搭配比例）对使用行为具有显著影响，如灌木围合空间对放松减压行为的支持。关于场地面积和场地形状，研究发现场地面积越大越有利于满足使用者需求（如安静）；场地周长 / 面积的比值（所谓场地协调性）对使用行为具有重要影响，当场地过于细长或分散时使用感受会大幅下降，尤其是小型场地（图 5-2）该形状指数被进一步发展为场地面积除以同等周长圆形面积的比值（公式为 $4\pi S/L^2$），进而将其控制在 0~1 之间，越接近 1 表示场地越紧凑。基于此，绿化水平、场地面积、场地形状也被纳入后续定量考察范围，并采用现场踏勘方式（由风景园林专业调研人员进行人工测量）获取相关数据。

　　综上所述，根据过去有关公园绿地使用动机、环境特征的研究以及本书所选小微公园绿地及其使用者实际情况，以下关于小微公园绿地"环境特征—使用动机"的量化分析将以"放松减压""社会交往""运动健身"为使用动机指标，以 8 项 EAPRS 要素以及绿化水平、场地面积、场地形状（指数）为环境特征指标，同时，参考既往研究的做法，采用现场问卷调查以及现场观察和现场测量等方法收集相关数据（表 5-1）。

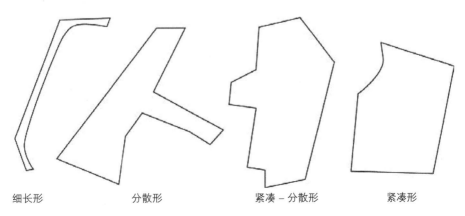

|细长形|分散形|紧凑－分散形|紧凑形|

图 5-2　常见的小微公园绿地场地形状
来源：BERGGREN-BÄRRING A M, GRAHN P. The significance of the green structure for people's use[R]. 1995.

"环境特征—使用动机"相关指标及数据来源

表 5-1

| 1级变量 | 2级变量 | 3级变量 | 变量内容 | 数据来源 |
|---|---|---|---|---|
| 使用动机 | 放松减压 | — | 放松心情、舒缓压力、清醒头脑等 | 问卷调查 |
| | 社会交往 | — | 和他人聊天、品茗、棋牌等 | 问卷调查 |
| | 运动健身 | — | 跑步、散步或使用健身器械等 | 问卷调查 |
| 环境特征 | 场地面积 | — | 场地的遥感正投影面积 | 卫星地图 |
| | 场地形状 | 形状指数 | 由场地面积/同等周长圆形面积的比值发展而来的形状指数 | 现场测量公式转换 |
| | 绿化水平 | 地被占比 | 地被垂直投影面积/场地面积 | 现场测量 |
| | | 灌木占比 | 灌木垂直投影面积/场地面积 | 现场测量 |
| | | 乔木占比 | 乔木垂直投影面积/场地面积 | 现场测量 |
| | EAPRS 要素 | 地形变化 | 场地整体或局部的地形变化 | 现场观察 |
| | | 硬铺园路 | 园路铺装为广场砖、混凝土等 | 现场观察 |
| | | 自然园路 | 园路铺装为砾石、汀步、植草砖等 | 现场观察 |
| | | 文化元素 | 雕塑、喷泉、石刻等人文元素 | 现场观察 |
| | | 特殊植被 | 花境、灌木或乔木造型等 | 现场观察 |
| | | 休憩设施 | 除普通座椅以外的亭、廊、花架等 | 现场观察 |
| | | 游乐设施 | 滑滑梯、健身器械等 | 现场观察 |
| | | 集散空间 | 面积大于 20m×20m 的空地 | 现场观察 |
| | | 园外干扰 | 园外人流、车流等的干扰程度 | 现场观察 |

注：EAPRS 要素为"公共游憩空间环境评价法"(Environmental Assessment of Public Recreation Spaces) 中所列适用于评价小微公园绿地的环境特征。

## 5.1.3 数据分析方法

数据分析方法主要为"相关分析"(correlation analyse) 和"聚类分析"(cluster analyse)。其中，相关分析是研究两种现象（两个变量）之间是否存在某种依存关系并对具体有依存关系的现象探讨其相关方向以及相关程度的统计分析方法，当两个变量的相随变动方向相同为正相关，两个变量的相随变动方向相反为负相关。该方法往往不是单独应用，而是与主成分分析、聚类分析等结合使用，常用于评价指标的筛选上，以减少指标的重复性。本研究中，相关分析用于描述小微公园绿地环境特征与使用动机之间的依存关系，显著性水平设为 0.05。

聚类分析是根据"物以类聚"的道理，对样本或指标进行分类的一种多元统计分析方法，其基本原理是根据样本自身的属性，用数学方法按照某种相似性或差异性指标，定量地确定样本之间的亲疏关系，并按这种亲疏关系程度对样本进行分类，同一类的样本有很大的相似性，而不同类间的样本有很大的相异性。本研究中，聚类分析用于进一步确认所发现相关关系是由"变量"（环境特征）引起还是"研究样本"（小微公园绿地）本身引起，以降低小样本量带来的误差。其中，采用"离差平方和算法"（Ward's Method）评估不同研究样本的亲疏程度。该算法中，如果两个研究样本属于同一簇，则表明它们之间相对于其他簇的样本的关系更亲近（即相似环境特征更多）；同一簇中研究样本间距离的远近同样表示亲疏程度，距离越近表示相似特征越多。

数据处理工具为 SPSS 软件，版本为中文版 19.0。

# 5.2 研究结果

## 5.2.1 现场调查结果

### 1. 使用动机方面

以上所选 3 个小微公园绿地典型使用动机"放松减压""社会交往""运动健身"，在各研究样本中的统计情况见表 5-2。

研究样本的使用动机统计结果　　　　　　　　　　　　　　表 5-2

| 研究样本 | S01 | S02 | S03 | S04 | S05 | S06 | S07 | S08 | S09 | S10 | S11 |
|---|---|---|---|---|---|---|---|---|---|---|---|
| 被调查者 ($N$) | 46 | 37 | 27 | 58 | 24 | 36 | 26 | 17 | 48 | 32 | 55 |
| 放松减压 (%) | 51.9 | 17.8 | 34.4 | 57.3 | 68.8 | 42.6 | 62.3 | 58.8 | 28.5 | 78.1 | 72.6 |
| 社会交往 (%) | 27.0 | 45.1 | 40.7 | 35.1 | 36.7 | 38.9 | 33.8 | 23.5 | 55.4 | 18.5 | 25.5 |
| 运动健身 (%) | 16.5 | 18.2 | 35.9 | 12.4 | 44.2 | 17.8 | 12.2 | 13.6 | 32.2 | 12.4 | 17.5 |

注：表中样本编号参见图 5-1。

## 2. 环境特征方面

各研究样本的场地面积、形状指数、绿化水平、EAPRS 要素等环境特征的统计情况见表 5-3。

研究样本的环境特征统计结果    表 5-3

| 研究样本 | 面积 (m²) | 形状指数 | 绿化水平 | | | EAPRS 要素 | | | | | | | | |
|---|---|---|---|---|---|---|---|---|---|---|---|---|---|---|
| | | | 地被 (%) | 灌木 (%) | 乔木 (%) | 地形变化 | 硬铺园路 | 自然园路 | 文化元素 | 特殊植被 | 休憩设施 | 游乐设施 | 集散空间 | 园外干扰 |
| S01 | 3436 | 0.66 | 25.9 | 15.5 | 28.5 | ● | ○ | ● | ○ | ● | ○ | ○ | ● | ● |
| S02 | 2810 | 0.46 | 13.2 | 0.0 | 30.0 | ○ | ● | ○ | ○ | ● | ● | ● | ● | ● |
| S03 | 1324 | 0.89 | 15.5 | 8.7 | 38.4 | ○ | ○ | ○ | ● | ● | ● | ● | ● | ○ |
| S04 | 3100 | 0.78 | 49.7 | 12.6 | 22.6 | ● | ● | ● | ● | ○ | ● | ● | ○ | ○ |
| S05 | 4697 | 0.34 | 40.2 | 15.3 | 20.6 | ● | ● | ● | ○ | ○ | ○ | ○ | ○ | ○ |
| S06 | 2531 | 0.54 | 28.4 | 10.0 | 15.6 | ○ | ● | ○ | ● | ● | ○ | ● | ● | ● |
| S07 | 2940 | 0.71 | 35.7 | 16.2 | 28.7 | ○ | ● | ● | ○ | ○ | ● | ○ | ● | ○ |
| S08 | 2827 | 0.89 | 35.1 | 13.2 | 33.0 | ● | ○ | ○ | ○ | ○ | ○ | ○ | ● | ○ |
| S09 | 3067 | 0.76 | 25.0 | 2.0 | 24.5 | ○ | ● | ○ | ● | ● | ● | ● | ● | ● |
| S10 | 4450 | 0.78 | 45.7 | 20.6 | 12.5 | ● | ○ | ● | ● | ○ | ○ | ○ | ○ | ○ |
| S11 | 1958 | 0.38 | 40.2 | 18.4 | 13.6 | ● | ○ | ● | ● | ○ | ○ | ○ | ○ | ○ |

注：样本编号参见图 5-1，形状指数 $=4\pi S/L^2$，绿化水平指绿化覆盖率，●表示有、○表示无。

## 5.2.2 相关分析结果

为了查看环境特征与各使用动机间的依存关系，以表 5-2 研究样本的使用动机统计结果、表 5-3 研究样本的环境特征统计结果为数据源，采用皮尔逊相关分析对"环境特征—使用动机"的关系进行了分析。

结果显示（表 5-4），"放松减压"动机显著正相关的环境特征为地被占比（相关系数 $r=0.84$，$p<0.05$）、灌木占比（相关系数 $r=0.89$，$p<0.05$）、地形变化（相关系数 $r=0.75$，$p<0.05$）、自然园路（相关系数 $r=0.78$，$p<0.05$）；显著负相关的环境特征为特殊植被（相关系数 $r=-0.64$，$p<0.05$）、游乐设施（相关系数 $r=-0.73$，$p<0.05$）、集散空间

（相关系数 $r=-0.71$，$p<0.05$）、园外干扰（相关系数 $r=-0.70$，$p<0.05$）。"社会交往"动机显著正相关的环境特征为硬铺园路（相关系数 $r=0.68$，$p<0.05$）、休憩设施（相关系数 $r=0.67$，$p<0.05$）、游乐设施（相关系数 $r=0.71$，$p<0.05$）；显著负相关的环境特征为灌木占比（相关系数 $r=-0.87$，$p<0.05$）、地形变化（相关系数 $r=-0.74$，$p<0.05$）。另外，"运动健身"动机与任一环境特征之间都不具备显著相关性 ($p>0.05$)，由此不被纳入下一步聚类分析。

从与不同使用动机显著相随变动的环境特征的多寡来看，可得出的一个初步推论是"放松减压"动机、"社会交往"动机和"运动健身"动机对环境特征的敏感度依次下降。其中，"放松减压"动机相对更易受环境特征的影响。

"环境特征—使用动机"的相关分析结果　　　　表 5-4

| 环境特征 | 放松减压 | | 社会交往 | | 运动健身 | |
|---|---|---|---|---|---|---|
| | 皮尔逊系数 | $p$ | 皮尔逊系数 | $p$ | 皮尔逊系数 | $p$ |
| 面积 – 形状 | | | | | | |
| 场地面积 | 0.44 | 0.17 | −0.24 | 0.49 | 0.07 | 0.84 |
| 形状指数 | −0.01 | 0.77 | −0.08 | 0.81 | −0.24 | 0.48 |
| 绿化水平 | | | | | | |
| 地被占比 | 0.84 | 0.00* | −0.58 | 0.06 | −0.12 | 0.73 |
| 灌木占比 | 0.89 | 0.00* | −0.87 | 0.00* | −0.27 | 0.42 |
| 乔木占比 | −0.55 | 0.08 | 0.35 | 0.30 | 0.22 | 0.52 |
| EAPRS 要素 | | | | | | |
| 地形变化 | 0.75 | 0.01* | −0.74 | 0.01* | −0.18 | 0.59 |
| 硬铺园路 | −0.35 | 0.29 | 0.68 | 0.02* | 0.17 | 0.61 |
| 自然园路 | 0.78 | 0.00* | −0.56 | 0.08 | −0.21 | 0.54 |
| 文化元素 | 0.01 | 0.98 | −0.02 | 0.96 | −0.01 | 0.85 |
| 特殊植被 | −0.64 | 0.04* | 0.25 | 0.46 | −0.01 | 0.84 |
| 休憩设施 | −0.52 | 0.10 | 0.67 | 0.02* | −0.01 | 0.80 |
| 游乐设施 | −0.73 | 0.01* | 0.71 | 0.01* | −0.25 | 0.45 |
| 集散空间 | −0.71 | 0.02* | 0.46 | 0.15 | −0.03 | 0.93 |
| 园外干扰 | −0.70 | 0.02* | 0.59 | 0.05 | −0.00 | 0.99 |

注：皮尔逊系数的正负对应表示正相关和负相关，* 表示 $p$ 值在 0.05 水平上显著。

### 5.2.3 聚类分析结果

为进一步确认可支持"放松减压""社会交往"动机的环境特征，研究以表 5-4 中与各自显著相关的环境特征为变量（以下所说正相关、负相关均指显著相关）对 11 个小微公园绿地研究样本进行聚类分析。其中，结合表 5-2 和表 5-3 中所列实测信息对聚类分析结果予以定性解读。

### 1. 基于"放松减压"显著相关特征的聚类分析结果

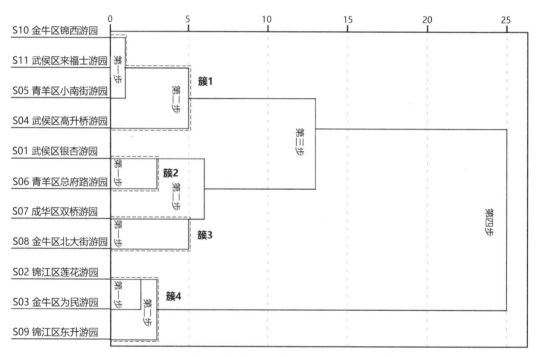

图 5-3    基于"放松减压"显著相关特征的聚类分析

如图 5-3 所示，聚类分析的第一步中 S05、S10 和 S11 聚成一类（簇 1）。它们都包含"地形变化""自然园路""较多地被和较多灌木"等正相关特征。第二步中同样包含上述特征的 S04 进入簇 1，但负相关特征"游乐设施"使其有别于同簇的其他样本。对照表 5-2、表 5-3 实测信息来看，簇 1 中"游乐设施"可能是阻碍"放松减压"的关键特征，具体表现在包含这一特征的 S04(57.3%) 相对于无此特征的 S05(68.8%)、S10(78.1%) 和 S11(72.6%) 较低的"放松减压"比例。不过，4 个样本均包含了"地形变化""自然园路""较多的地被及灌木"特征，它们共同营造了利于放松减压的空间。

簇 2 由 S01 和 S06 聚成，其共同点是含有正相关特征"较多地被""较多灌木"，以及负相关特征"特殊植被""集散空间""园外干扰"；不同点是 S01 还具有"地形变化""自然园路"的正相关特征。表 5-1 中，S01(51.9%) 相对于 S06(42.6%) 更高的放松减压比例，可能归因于其额外包含的正相关特征。簇 3 由 S07 和 S08 聚成，它们都具有正相关特征"较多地被""较多灌木"及负相关特征"集散空间"。参考表 5-2、表 5-3 所列实测信息，"地形变化"和"自然园路"的不一致可能是造成不同"放松减压"比例的原因。此外，簇 2 和簇 3 中在聚类分析的第二步中聚成新的小类，"较多地被""较多灌木"是其成类的原因，各自额外包含的特征可能是造成不同"放松减压"占比的原因。

簇 4 第一步中凝聚了 S02 和 S03，其共同点是具有"特殊植被""游乐设施""集散空间""较少地被""较少灌木"等负相关特征。表 5-2 中，S02(17.8%) 相对于 S03(34.4%) 更低的"放松减压"比例，可能归因于其额外含有的"园外干扰"这一负相关特征。第二步中 S09 进入簇 4，其与同簇样本的共同特征是"游乐设施""集散空间""较少灌木"。S09 包含的"较多地被""特殊植被""园外干扰"等特征可能是造成其与 S02 和 S03 放松减压比例差异的原因。

## 2. 基于"社会交往"显著相关特征的聚类分析结果

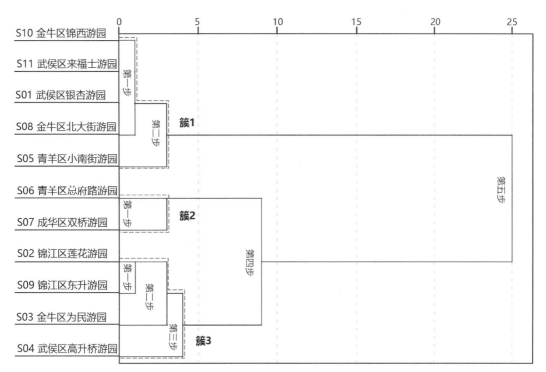

图 5-4　基于"社会交往"显著相关特征的聚类分析

如图 5-4 所示，簇 1 第一步中凝聚了 S01、S08、S10 和 S11，它们都包含"地形变化"这一负相关特征。对照表 5-2 中以上样本的"社会交往"数据 (S01=27%、S08=23.5%、S10=18.5%、S11=25.5%) 来看，样本间的差异可能来自于"灌木"这一负相关特征的不同占比。或者说，较高的灌木覆盖水平很可能对社会交往动机有明显的阻碍作用。第二步中 S05 进入簇 1，除了上述特征，该样本还具有"硬铺园路"。这一显著正相关特征的存在，明显提升了其中发生的社会交往活动的可能性 (36.7%)。

簇 2 由 S06 和 S07 聚成，其共同点是具有正相关特征"硬铺园路"，不同点是 S07 还具有相对更多的灌木（负相关）和休憩设施（正相关）。S07(33.8%) 相对于 S06(38.9%) 较低的社会交往比例（见表 5-2）表明，灌木对社会交往的负面效应相对于休憩设施的正面效应可能更加显著。

簇 3 第一步由 S02 和 S09 聚成，它们都包含正相关特征"硬铺园路""休憩设施""游乐健身"。这些环境特征对社会交往活动具有明显支持作用 (S02=45.1%、S09=55.4%)，其间的差异可能来自于其他非显著相关特征，如文化元素、特殊植被。第二步中 S03 进入簇 3，"硬铺园路"这一显著正相关特征的缺失可能是其有别于同簇中其他样本的主要原因。第三步中 S04 进入簇 3，其与以上 3 个样本的共同点是具有休憩设施和游乐设施，不同点在于具有地形变化和较多灌木。这两个特征明显使该样本的"社会交往"比例降低 (35.1%)。

# 5.3 讨论分析

## 5.3.1 结果讨论

### 1. 从现场调查结果来看

人们对小微公园绿地的使用动机具有高度异质性（见上文不同使用动机的占比），而且这种异质性在不同研究样本上的差异较为显著（见表 5-2 中同一使用动机在不同研究样本中的占比）。该现象不仅说明不同人对小微公园绿地的需求不同，更重要的是，还可能意味着小微公园绿地自身物质环境特征会对使用动机产生重要影响。如此，便有进一步分析物质环境特征与使用动机之间关系的必要性，以从中识别对特定使用动机具有明显"支持"或"限制"作用的环境特征，进而在相应设计中予以响应。

## 2. 从相关分析和聚类分析结果来看

（1）放松减压动机方面，较多地被、较多灌木、地形变化、自然园路是支持"放松减压"的关键因素，而特殊植被、游乐设施、集散空间、园外干扰对其有明显的负面影响。关于小微公园绿地（其中被称为口袋公园或小公园）的两项国外研究也发现了类似的规律。在对此做出进一步解释之前，这里需要重申使用动机的内涵。所谓"动机"是指因内在需求如某种特定的心理状态而产生的个体内部的不平衡状态，它是人类行为产生的基本力量之一。相应地，公园绿地使用动机可看作是人们借助公园绿地来满足其内在需求。人们之所以具有不同的公园绿地使用动机不仅与其自身内在需求有关，还受公园绿地物质环境特征的影响，而环境特征对使用动机或支持或限制的关键可能在于人—境交互过程中形成的"环境偏好"，当环境特征被人所偏好时则起支持作用，反之则起限制作用。

"环境偏好"（指环境知觉过程中产生的一种表示喜好程度的主观心理判断，详见本书1.2.3节）是环境心理学的传统研究议题，过去有大量研究对此进行了解释和辨识，其中的经典理论如由英国人文地理学者阿普尔顿（J. Appleton）提出的"瞭望—庇护理论"(prospect-refuge theory)。该理论可简要概括为，人类普遍偏好具有"瞭望"和"庇护"特征的自然环境，其中瞭望指具有不受遮挡的开阔视域的环境条件，庇护是环境的遮挡和掩藏条件。阿普尔顿认为栖居于自然环境的人类先祖总是以"猎人—猎物"的双重身份出现，作为猎人，人类需要通过狩猎、采集等来维系生存繁衍，此过程中类似于山丘的开阔环境特征提供了观察周围环境的机会，进而使人们有目标地获取生存所需物品；作为猎物，人类需要时刻防备猎人（猛兽和人）的袭击，此时类似于洞穴的掩体环境特征提供了发现危险、逃避危险的机会，进而给人提供了安全感。这种在进化过程中沿袭的对自然环境中"能看见而不被看见"(see without being seen) 的地点的偏好对现代人类，尤其是城市居民，同样具有重要作用。其可为人们提供远离外界干扰、获得安全感的机会，进而有利于避免心理压力、精神疲劳等负面效益。

在"瞭望—庇护"等环境偏好理论的基础上，大量研究进一步通过偏好调查辨识了人们偏好的城市公园绿地特征，结果通常为 6~9 方面（此处不列举，详见 Grahn 等；Qiu 等）。其中，格兰（P. Grahn）等人在过去 30 年的系列研究将一般情况下人们偏好的城市绿地环境

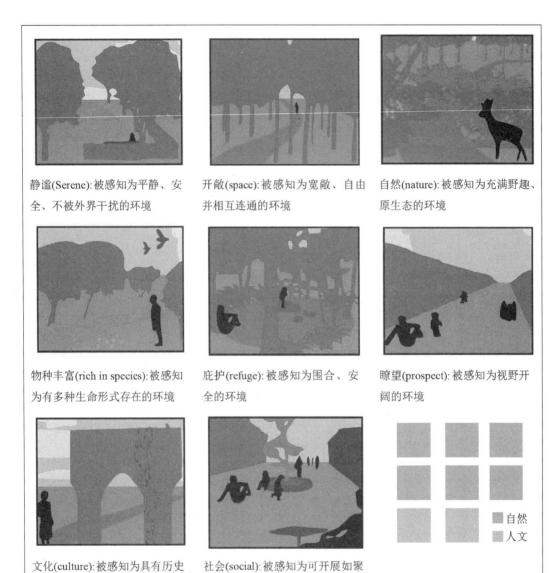

静谧(Serene):被感知为平静、安全、不被外界干扰的环境

开敞(space):被感知为宽敞、自由并相互连通的环境

自然(nature):被感知为充满野趣、原生态的环境

物种丰富(rich in species):被感知为有多种生命形式存在的环境

庇护(refuge):被感知为围合、安全的环境

瞭望(prospect):被感知为视野开阔的环境

文化(culture):被感知为具有历史感和文化感的人工环境

社会(social):被感知为可开展如聚会等社会活动的环境

■ 自然
■ 人文

图 5-5　城市绿地的感知属性

来源：PESCHARDT K K. Health promoting pocket parks in a landscape architectural perspective[D]. Copenhagen:University of Copenhagen, 2014.

特征总结为 8 方面（图 5-5），按偏好顺序依次是"静谧"(Serene)、"开敞"(space)、"自然"(nature)、"物种丰富"(rich in species)、"庇护"(refuge)、"文化"(culture)、"瞭望"(prospect) 和"社会"(social)，并将其命名为城市绿地的"感知属性"(perceived sensory dimensions)。

　　之后，他们以随机抽取的953个城市居民为对象的调查研究进一步显示，持有不同动机的人群偏好的公园绿地（其中包括小微公园绿地）环境特征具有显著差异。其中，以"放松减压"为动机的人更加偏好"庇护""自然""静谧"等自然环境本身的属性，强调人文属性的"文化""社会"则不受此类人群欢迎。对此，他们给出的解释是，以"放松减压"为动机的人往往缺乏安全感并且可能因身心资源的过度损耗只适合处理简单关系，而人与自然相对于人与人之间的关系更为简单。据此，本研究中与"放松减压"动机有关的环境特征可解释为，较多地被、较多灌木、地形变化、自然园路提升了小微公园绿地的"自然"或"庇护"属性，因契合相应人群的心理需求而成为被偏好的环境特征。与之相反，特殊植被、游乐设施、集散空间和园外干扰则因强化了"文化"或"社会"等人为属性而不被此类人群偏好。

　　（2）社会交往动机方面，小微公园绿地环境特征中，较多灌木、地形变化对"社会交往"动机有明显的阻碍作用，而便于使用的硬铺园路和具有强吸引性的休憩设施、游乐设施是支持此类使用动机的重要环境特征。这一结论与佩斯沙特等人同样针对小微公园绿地的研究结论较为接近，但不同于其他研究中发现的高自然度环境对社会交往的积极作用。从上述环境偏好理论和相关研究来看，对此可能的解释是，以社会交往为动机的人群可能同样偏好上述自然环境本身的属性，但与之相比可优先满足社会交往需求的环境特征更受此类人群的偏好。当不可兼得时，如大中型公园绿地中的平缓地形和灌木造型在小微公园绿地中演变为陡坡和绿篱时，便会成为社会交往的阻碍，进而在小微公园绿地中相应特征的偏好评价变低。

　　（3）部分环境特征不能同时支持多种动机，如"较多灌木"环境特征在支持"放松减压"动机的同时阻碍"社会交往"动机，而"游乐设施"等利于社交活动的环境特征对放松减压动机具有负面作用。也就是说，同一环境特征对不同使用动机来说既可能是机会也可能是限制。鉴于小微公园绿地规模有限，以提高小微公园绿地使用为导向的规划设计措施必须借助合理的规划布局、空间组织等来同时满足多种使用动机。此外值得一提的是，相对于社会交往和运动健身等动机，放松减压动机对环境特征的反应灵敏度更高（更多显著相关的环境特征，见表5-3）。因此，应该区别对待不同使用动机，旨在满足放松减压等较为"脆弱"的动机的小微公园绿地设计应谨慎地选择环境要素，精细化构建微环境。

## 5.3.2 不足之处

　　（1）为了寻求统计分析的显著性，排除了若干在所有样本中都存在和只存在于单个样本的 EAPRS 要素。这一做法并不意味着未被采纳的要素对小微公园绿地的使用不会产生重要影响。此外，对此做出"有"或"无"的粗放评价可能会带来一定偏误，如没有发现"运动健身"动机与环境特征的显著相关性。

（2）仅对放松减压和社会交往等主要使用动机做了深入分析，如陪孩子玩耍等其他使用动机也应该引起研究关注。

（3）同上一章研究，受研究成本限制仅选择了 11 个研究样本，基于有限样本的使用动机和环境特征对研究区域内小微公园绿地的代表性较弱。

## 5.4 本章小结

在上一章定量分析人口学特征与使用动机之间关系的基础上，本章进一步研究了环境特征与使用动机之间的关系。由此，形成了完整的针对小微公园绿地使用供给端和需求端影响因素（也即小微公园绿地与公共健康间调节因素）的研究。通过对环境特征与使用动机相关指标的定量分析和定性解读，得到以下结论：

（1）小微公园绿地的环境特征对使用者的使用动机有明显的支持或限制作用。其中，有利于"放松减压"的环境特征为"较多地被""较多灌木""地形变化""自然园路"，阻碍这一动机的环境特征为"特殊植被""游乐设施""集散空间""园外干扰"；有利于"社会交往"的环境特征为"硬铺园路""休憩设施""游乐设施"，阻碍这一动机的环境特征为"较多灌木"和"地形变化"。环境特征对使用动机的支持或限制作用可归因于人—境交互过程中形成的环境偏好。例如，较多地被、较多灌木、地形变化、自然园路等对"放松减压"起支持作用的原因可能在于，以放松减压为动机的人往往缺乏安全感并且可能因身心资源的过度损耗而只适合处理简单关系，由此更加偏好能提供安全感和简单关系的"庇护""自然"等自然环境本身的属性。

（2）部分环境特征不能同时支持多种使用动机，典型如较多灌木支持放松减压的同时阻碍社会交往，游乐设施等利于社交活动的特征对放松减压具有负面作用。此外，相对于"社会交往"和"运动健身"等动机，"放松减压"动机对环境特征的反应灵敏度更高，因此应该区别对待不同使用动机。

（3）上述结果意味着，以提升小微公园绿地使用为目的的设计应对措施应根据使用人群的差异化需求，从如建构材料、设施设备的选择及其空间形态、分布比例的确定等更为细化的物质环境特征入手；同时，应立足小微公园绿地的特有属性（如用地规模有限）进行合理空间组织，以更好地满足不同人群的需求。

第 **6** 章

整合

可供性模型的

循证设计框架

从上述各章分别来看：第 1、2 章，关于研究所涉内核议题"自然—健康"研究现状的文献综述显示，自然与人的生理、心理、精神及社会健康有着广泛联系；二者之间的短期积极联系归因于自然暴露期间精神疲劳与心理压力的恢复，长期积极联系可归因于进化过程中形成的先天自然偏好或后天学习过程中利用自然进行心理治疗和健康提升的经验。第 3 章，关于自然如何影响健康的定性分析显示，目前依据既有研究证据和理论建构形成的线性化的"理论"关联路径还不足以支持面向公共健康的实践应用，原因是现实世界中自然与健康之间的关系受与"使用自然"环节有关的"调节因素"的影响；第 4、5 章，依托典型高密度城市区域小微公园绿地针对调节因素的实证研究，在初步证明其健康效益的前提下，证实小微公园绿地使用具有显著的社会分异性，造成这一社会分异性的主要原因在于使用动机，一方面不同特征人群的使用动机具有较大差异，另一方面物质环境特征可以显著地影响使用动机。行文至此，以上文献综述、定性分析和定量研究反映了一个基本逻辑，即虽然公园绿地可能成为维护公共健康的潜力资源，但现实世界中人们能否从中获益受多重调节因素的影响。因此，有必要进一步探索调节因素的控制方法。

公园绿地作为城市公共资源的一种，公平、高效地服务于公众乃至使其受益一直以来都是其存在的重要意义。面对上述情况，从规划设计角度来讲，一个可行的思路同时也是不可回避的议题是：如何通过供给方式的调整来控制调节因素，进而促使更多人群参与使用并由此改善公共健康。对此，本章将在述评现行干预策略和总结本书研究启示的基础上，借助可供性和循证设计等理论，探索旨在调控公园绿地—公共健康调节因素的概念性框架。

# 6.1 现行策略评价及本书研究启示

## 6.1.1 现行策略评价

几乎任何时期的公园绿地建设都将促进公共健康视为主要目标或从属目标。如本书 1.3 节所述，早在 19 世纪末 20 世纪初，规划设计界的多位先驱就凭借敏锐的直觉，主张在整个城市层面架构绿地系统为当时处于空间拥挤、心理压抑、公共卫生差的市民提供健康修复的解决途径并对此进行了积极的实践，典型如奥姆斯特德的城市中央公园模式和城市公园体系、霍华德的田园城市模式。时至今日，公园绿地依旧是一种重要的健康资源，承载着休闲游憩、审美体验、精神满足、认知发展、反思等生态系统文化服务，尽管还扮演着改善城市生态、城市文化、城市形象等不同角色。关于如何协调公园绿地的多元角色进而兼顾多方面效益属于更为系统复杂的问题，本书暂不涉及。

就作为一种利于健康的生态系统文化服务资源而言，相对于之前基于直觉和经验的实践，现行相关实践更加强调实践之前的科学决策和研究支持。目前，该领域研究普遍聚焦于公园绿地的"邻近性"(proximity) 和"可达性"(accessibility) 等问题及其相关指标的研究上，有关社区公园、游园等小微公园绿地的研究尤其如此。究其原因，一方面可能在于相关指标易于量化，有利于指标数据的收集和研究成果的转化；另一方面可能是有利于解决环境正义范式下空间分配的公平性问题。进一步，以邻近性、可达性等为导向的研究促使规划策略的重点放在公园绿地供给标准的提升上。例如，英国自然资源署建议住区 300m 范围内至少应有2hm² 可进入式绿地，欧洲环境署建议居民应在 15min 步行范围内获得公园绿地，我国社区公园的布局规划通常采用"500 米见绿"的标准，以及本书研究案例城市成都在小游园、微绿地建设中提出的"300 米见绿、500 米见园"。

无疑，此类标准的真正落地会因增加使用机会，而在一定程度上实现"自然—健康"关系的实践转译。研究也证实其对于公共健康水平的提升具有一定作用，如邻近公园绿地的人群抑郁风险更低、体力活动更积极以及社区归属感更强等。但是，以上单纯强调空间分配公平性的规划策略忽视了公园绿地的"质量"问题。在保证质量方面，现行做法以规定用地规模、绿化水平、游憩设施等为主，而规模大小、绿化树种、设施类型等关乎公园绿地质量的细节内容则是从提前定制好的"菜单式"行业规范或地方规定中选取的。这一做法实际上是单方面地重视公园绿地的供给，或者说从集体意义出发定义了人的行为，默认了人们对邻近公园绿地的使用以及健康获益，属于一种从供给到需求的单向度干预思维。

可见，现行城市公园绿地干预策略存在重数量轻质量的问题。

## 6.1.2 本书研究启示

"自然—健康"之间的积极关系已被大量研究从生理、心理及社会健康等方面不同程度地证实。然而，现实世界中二者的积极关系可能受"调节因素"的影响。由于调节因素的作用原理是通过影响使用环节来调节自然与健康之间关系的方向或强弱，为了实现对"自然—健康"关系的高效实践转译，相关干预的目标应是尽可能地提升自然环境的使用。在自然环境的使用问题上，第 3 章理论分析显示，真实使用来自人的需求和自然环境供给之间的匹配，其间需求端相关因素和供给端相关因素的匹配属于双向互动过程，如果需求和供给不能相契合则不会鼓励人们参与使用，进而降低从自然到健康这一过程的转化效率。第 4 章以小微公园绿地为例的实证研究在初步证明其健康效益的前提下，首先证实小微公园绿地使用具有明显的社会分异性，不同年龄、教育程度、收入水平以及家庭结构人群在使用频率上的显著差异；其后，以使用距离为使用机会指标的分析表明造成社会分异性的主要原因不在于"使用机会"的不同，更可能在于"使用动机"上的不同；之后，关于人口学因素与主要使用动机的定量关系显示，使用动机在不同年龄、性别和收入水平人群中具有较大差异，并且这种差异可在很大程度上解释使用频率上的差异，如中低收入人群以放松减压、社会交往以及运动健身为使用动机的概率均明显高于高收入人群，使用频率也相对更高。在此基础上，第5章关于小微公园绿地环境特征与使用动机之间关系的定量分析和定性解读进一步显示，环境特征对使用动机有明显的支持或限制作用。其中，有利于"放松减压"动机的环境特征为"较多地被""较多灌木""地形变化""自然园路"，而阻碍这一动机的环境特征为"特殊植被""游乐设施""集散空间""园外干扰"；有利于"社会交往"的环境特征为"硬铺园路""休憩设施""游乐设施"，阻碍这一动机的环境特征为"较多灌木"和"地形变化"。

以上研究结果意味着，在使用机会均等的情况下，为了进一步提升公园绿地的使用，干预策略的重点应放在使用动机上。该启示尤其应在高密度城市小微公园绿地的干预行动中加以重视，原因是大部分人群面临的使用机会可能基本均等，如本研究中有超过60%的被调查者分布在1000m以内这一通常可接受的使用距离。不过，在针对其他城市的相关问题的研究中还需进一步确认。

综合现行干预策略和本书研究启示来看，为了尽可能地提升公园绿地的使用，从而最大限度实现其健康效益的转译，相关干预策略不仅要在规划层面关注旨在提升使用机会的邻近性、可达性等问题，还应主动响应使用动机，在设计层面重视公园绿地的质量问题。

## 6.2 可供性理论及其应用

在公园绿地质量提升方面，很难通过固定的措施形成统一的标准。因为其对使用人群和场地情况等具体情境的依赖性较高。但其目标是清晰的，即要通过不同的物质环境供给来匹配使用者的多元需求，进而吸引更多人参与使用并由此提升公共健康水平。针对这一问题，近期列侬 (M. Lennon) 等人根据可供性理论构建了公园绿地可供性模型。该理论模型以"可供性"这一沟通环境供需双方的媒介概念化公园绿地品质，可使设计思维从"感性"转向"理性"，但在设计实践中仍可能基于直觉或经验。因此，有必要进一步探索更加可靠的设计方法。

"循证设计"（evidence-based design）是一种旨在摆脱主观偏见的基于证据的设计观念和实践方法，将其在部分环节与可供性模型相整合（如在围绕设计目标提出对设计有关键影响的问题时，根据可供性模型解构"公园绿地品质"进而提出问题），可能形成面向公园绿地质量提升的创新设计方法。

## 6.2.1 环境可供性

环境心理学早期研究一直聚焦于人的感知系统，直至 20 世纪后半叶，一批学者才意识到长期以来忽视了环境本身的研究维度。在此背景下，"生态心理学"（ecological psychology）应运而生，试图唤醒心理学家对人与生态系统之间联系的意识。在生态心理学中，生态系统被视为以人类为中心而嵌入，与人类保持着结构和功能上的互惠关系，时刻影响着人类的健康与福祉。生态心理学在本体论上打破了物理世界与心理世界的二元分割，始终致力于探索人、动物与其所在环境生态位的相互关系。

生态心理学的经典理论，由吉布森于 1977 年提出的"生态知觉理论"（ecological perception theory）认为，人（动物的一种）与环境之间的互惠关系由知觉直接感知，进而产生行为和价值，而"环境知觉"（environment perception）的形成是一个由感知者和其所处环境共同参与的有机整体过程。在此过程中，不需要从环境作用于人的各种刺激所引起的感觉经过重建和解释的中介去建立意义，这种意义已经存在于环境刺激之中。至于环境刺激蕴含的意义是否被人所知觉，一方面与环境刺激本身的知觉显著性有关，另一方面与人的基本需求和偏好有关。也就是说，只有当有关的环境信息构成对个人有意义的刺激时，才能引起个人的探索、判断、选择性注意等活动，这些活动对个人利用环境中客体的有用功能如安全、舒适、娱乐等尤其重要。

为了描述环境知觉形成过程中的的人—境交互性，吉布森提出了"可供性"（affordance）概念。所谓可供性，是指存在于环境和感知者之间的机会或限制（opportunities/constraints）。它是沟通物理环境及其使用者之间的一个媒介概念，表达某一特定环境支持某主体开展行为活动的能力。理解此概念的关键在于，可供性既是真实存在的也是被感知的，但既不属于环境也不属于感知者，而是在二者互动过程中形成的人—环境关联体（relational confguration）。为此，赫夫特（H. Heft）等提供了一个生动的例子：一条穿过丛林通往水塘的小径，对以步行为目的的人来说，小径为其散步提供了机会，但水塘又限制了这种机会；如果要提升步行体验，就要在设计中强化小径的知觉显著性，弱化水塘的知觉显著性。

可供性理论对自然环境和人工环境皆具重要意义。吉布森曾试图将可供性概念引入建筑学，认为在生态学中，一个环境因具备一系列的可供性而成为某一动物的生境，因而成为这一物种的"生态位"(niche)，而在建筑环境中，比如一座雕塑的生态位就是指一个特定的场所，因具备某些环境可供性而使得这个雕塑的存在显得恰如其分。吉布森虽然没有明确这个"恰如其分"具体如何表现，但这一问题激发了设计师和规划师的进一步探索，去发掘某一种类的建成环境与其承载的行为活动是否处于恰当的生态位之上。环境可供性在规划设计领域中的意义并不是讨论其概念是否存在，而在于环境的可供性信息是否能被使用者察觉，如若一个方案不能使其使用者察觉到其规划目的和设计意图，那么这个方案就失去了意义。

户外环境中可供性的发生情况无处不在，具有积极或消极作用，有些环境可能存在可供性问题：例如，开敞的草坪空间常常发生踩踏行为，形成人为的"路径"。设计者的意图是将草坪设计为"看"的空间，为人们提供观赏的愉悦，却忽略了一个问题：草坪，作为开敞的、无障碍的空间，同样具有被踩踏的可能。有趣的是，这个行为可能会给使用者带来相当舒服的行走体验，如草坪的柔软质感、空气的清新、视野的开阔、路径的直接可达，以及节省时间等。设计者试图贴上"禁止践踏""小草青青，踏之何忍"等标语，却不能从根本上制止践踏草坪的行为。这实质上是使用者对空间设计意图的理解与设计者之间出现了偏差，由此引发消极的、不和谐的行为。良好的设计关系是自然存在的，可以激发人们与环境和谐的交互关系，而借助标识来解决问题可能并不是好的设计。再如，具有合适的面宽、高度和材质的户外台阶同时提供了通行、停驻休憩和交流的可供性，有利于提升户外空间的人气和使用的多样性，当然它也隐藏着一些消极的可能性。它所提供的看起来"合适"的高度，会引发淘气的儿童从台阶上直接跳下而受伤，对于年幼的、不具备行为能力的儿童以及行动不便的老年人或残障人士，台阶提供的是攀爬的可供性或是"望而生畏"的可供性。

## 6.2.2 公园绿地可供性模型

由于可供性理论可作为理解环境及其使用者之间关系的桥梁，在环境的营造方面表现出了突出的参考价值，自 20 世纪 80 年代以来就开始被西方学者引介至规划设计领域，成为规划设计的基础理论，近年又陆续被国内学者引介和应用。近期，列侬等进一步将其发展为可"解构"公园绿地品质的理论模型。他们认为公园绿地的可供性，即其为人提供的机会或限制，涉及 6 个方面：①空间形式（如地形变化）；②场地规模（面积大小）；③环境要素（如植被、座椅、路径等）；④使用时段；⑤使用动机（如散步、慢跑）；⑥与上述几方面互动的不同感知者。同时认为，它们之间没有轻重、优劣之分，人—境交互过程中这六方面的多维互动共同决定了人对公园绿地"质量"的判断，由此进一步影响人们是否及如何使用公园

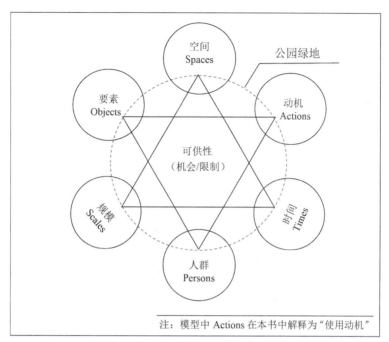

注：模型中 Actions 在本书中解释为"使用动机"

图6-1 公园绿地可供性模型

来源：LENNON M, DOUGLAS O, SCOTT M. Urban green space for health and well-being: developing an 'affordances' framework for planning and design[J]. Journal of Urban Design, 2017 (1): 778-795.

绿地，并会最终影响健康获益的程度。为了描述这一多维互动特性并形成可用于指导设计的概念框架，他们构建了由两个相互嵌连的等角三角形组成的星状模型（图6-1）。该模型中，同一三角形的每条边所连接的两个顶点表示二者具有关系，不同三角形的边相互交织表示它们所连接的顶点也相互关联。六个顶点间的多维关系形成的可供性共同构成了被感知的公园绿地"环境"。这一环境的质量的优劣，取决于不同顶点之间的匹配程度。

　　该模型对于如何回应公园绿地供给与人的需求之间的关系具有重要启发意义。例如，在营造利于儿童使用的公园绿地时，可从图6-1中的"动机"出发，探寻"动机"（如玩耍）与"要素"（如游乐设施）和"人群"（如儿童）之间的兼容性；同时，由于"动机—要素"之间的连接线和"空间—时间"之间的连接线交叉，还应探寻"动机—空间""动机—时间"以及"动机—空间—时间—要素"之间的关系，由此还需进一步追问场地地形是否适用于儿童玩耍，附近有无危险的陡坎（动机—空间）；晚上玩耍时是否有照明设施，怎样的照明设施更有利于儿童玩耍（动机—时间）；雨季时是否仍可用作儿童的玩耍空间（动机—空间—时间）；当冬季附近的树叶掉落在游乐设施上是否会因为打滑而影响使用过程中的安全（动机—空间—时间—要素）。如此，直至将模型中包含的所有关系探寻完毕，可帮助设计师从多个角度综合构建设计逻辑。本章后续循证设计过程中，上述利用可供性模型的发问过程可用于"提出问题"环节。

　　以上过程，应基于不同人群的角度多次进行。因为主体的不同也会对可供性产生影响，如公园的长椅，其对于成人而言具有坐的可供性，而对儿童则也可能具备爬的、跳的可供性。鉴于公园绿地的公共性，相应的使用人群具有不同的人口学特征（列侬等还给出了细化人群的方法）。因此，应基于不同人群的视角，重复上述过程。可以预期的是，在规模有限的场地中，探寻过程中发现的某些环境特征（空间、要素、规模）可能不会同时支持多种使用动机。例如，第5章实证研究所示，在小微公园绿地中，灌木围合空间支持放松减压的同时阻碍社会交往，而游乐设施等利于社交活动的特征对放松减压具有负面作用。当出现此情况时，列侬等人给出的建议是进行交叉检验，依照环境特征可支持使用人群的多少确定其优先顺序，进而根据这一顺序采取相应的设计措施。本章后续循证设计过程中，上述过程可用于"证据迁移"环节。

# 6.3 整合可供性模型的循证设计方法

　　按照现行做法，上述从可供性模型出发探寻公园绿地供给与需求如何匹配进而做出设计决策的过程，一般由设计师或设计团队完成。然而，传统主要依靠经验和感性创作的方法做出分析、判断和决策，往往满足于提供设计的唯一解或少数几个主要的功能解，很难预测可能出现的、复杂的人与环境的交互关系。其间，不可避免地带有主观偏见，如不加区分地将瞭望—庇护等经典理论运用于任何用途的公园绿地。因此，有必要探索更加可靠的设计决策方法。事实上，目前已有多种旨在摆脱主观偏见的设计方法论。"循证设计"(evidence-based design) 便是其中一种已被西方学界广泛接受与推广应用的设计理念和实用方法。同时，也是国内外规划设计领域的研究热点，如张文英等、吕志鹏等对循证设计研究进展的介绍，朱黎青等对传统风景园林评论与循证设计的对比分析，王一平对绿色建筑循证设计方法的分析，刘博新、郭庭鸿等对康复景观循证设计的探索。

## 6.3.1 循证设计概要

　　循证思想源于"循证医学"(evidence-based medicine)。所谓循证医学是指，"医生严谨、清晰、明智地运用当前最佳的证据为患者个体进行医疗决策"，其自诞生以来便迅速演变为循证实践方法范式，成为部分交叉学科领域实现"自然科学化"的一种新路径。循证设计即是设计领域基于证据进行实践的方法范式。从循证医学到循证设计，不是简单机械的方法模拟或者概念移植。医疗决策和设计决策有诸多共通之处：如前者是医生根据病人的病情施以药物或手术，后者则是设计师根据使用者的需求提供不同的景观环境；再如，两个行业在历史发展上也有诸多相似点，最初它们都凭借实践者的直觉和经验进行实践（治疗或设计），如机械医学时期医生只是靠眼、耳、鼻、手及简单的工具来诊断治疗疾病，设计实践亦是如此。然而，随着循证医学的不断发展，医学已经从低级简陋的阶段发展为现今公认的一门科学，反观设计实践则仍然基于各种主观直觉而不是科学事实。所幸的是，医学与设计学的跨学科合作催生并推动了设计界的循证实践。

循证设计的出现，以乌尔里希于1984年发表在《科学》（Science）杂志上的《窗外景观可影响病人的术后恢复》一文为标志。该文的重要意义不仅在于首次运用严谨的研究设计证实环境对疗效的重要作用，还在于对医院户外环境设计产生了深远影响。近20年，美国新建的近半数医院都为病房提供了自然窗景。2004年，美国建筑师协会医疗分会杂志为"循证设计"赋予了清晰的定义："在设计过程中设计师与甲方合作，共同认真审慎地借鉴和分析现有的最可靠的科学研究证据，从而对设计问题做出正确的决策"。另外，其还着重强调了证据的来源，不仅来自已经发表的研究成果，也包括针对具体场地、项目的实际调研。目前，循证设计的应用逐渐从医疗环境扩展至教育、办公和商业等其他环境类型，成为一种设计方法范式。

如同循证医学，循证设计的重要意义在于将设计师的设计技能与研究者的最佳证据整合起来，使研究者、使用者、设计师三个方面均得到相应的考虑（图6-2）：①研究者关注实

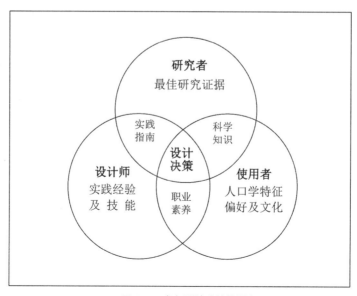

图6-2 参与设计决策的因素

践问题，提供解决问题的研究证据；②设计师从前期调研、设计实施、到用后评估均要遵循或参考相应的研究证据；③使用者的价值观、主观意愿得到重视，也可参与设计决策，表达自己的需求、评价设计方案的优劣等。

## 6.3.2 证据分级技术

循证设计的关键技术之一是基于证据质量评估的证据分级 (level of evidence)。其实质是，按照事先确立的标准对良莠不齐的海量研究证据进行分类，进而实现两次转换，即先将"证据金字塔"（图 6-3）中"级别最高的证据"转换为"最佳证据"，再将"最佳证据"转换为"最佳设计"。

目前，医学领域证据分级标准已趋于成熟并逐步统一。以国际通用的 GRADE 方法为例，其将证据质量分为高、中、低、极低 4 个等级，将推荐强度分为强推荐、弱推荐 2 个等级。该标准中证据分级始于研究设计，随机对照试验开始被定为高质量证据，观察性研究定为低质量证据，但并不完全以研究设计来划分证据质量，其还给出了 5 种可导致证据质量下降因素，3 种可提升证据质量因素。

从研究设计来看，观察性研究一般包括横断面研究、病例对照研究和队列研究三大类。其中，横断面研究(cross-sectional study)属于描述性研究，是在不能作因果判断的情况下，通过调查或观察真实地将事件展现出来并为寻找因果关系提供线索；病例对照研究 (case-

图 6-3　证据金字塔
来源：陈耀龙, 李幼平, 杜亮, 等. 医学研究中证据分级和推荐强度的演进 [J]. 中国循证医学杂志, 2008, 8（2）：127-133.

control study) 和队列研究 (cohort study) 属于分析性研究，前者是从现在是否患有疾病出发，回溯过去可能的原因，具有回顾性（由果到因），后者是根据研究对象进入队列时间及终止观察的时间不同，具有前瞻性（由因到果）和回顾性（由果到因），二者都是在描述性研究提出假设的基础上，将研究对象依照暴露与否分为两组进行假设检验。实验性研究主要指随机对照试验 (randomized controlled trials, RCT)，是在严格控制干扰因素的实验条件下，把研究对象随机分配到不同的比较组，每组施加不同的干预措施，然后测评比较组之间的差别，以定量估计不同措施的作用或效果的差别。此外，基于随机对照试验的系统评价和元分析则上升到理论性研究的高度。大致来讲，上述几种研究设计所得证据级别和推荐强度逐次递增，实际定级过程中还需要兼顾 5 种下降因素和 3 种上升因素对每一条证据具体甄别。

## 6.3.3 可供性模型与循证设计的整合

笔者曾对循证设计过程进行过较为系统的总结，这里结合可供性模型并以小微公园绿地设计为例进行更为具象的阐述。循证设计过程可概括为由"探寻证据—运用证据—总结证据" 3 个阶段组成的循环过程。在每个阶段，由设计师与甲方、使用者代表以及研究人员等组成的项目决策团队，把设计项目作为一个严谨的研究项目来对待，以严谨的研究证据驱动设计实践。

### 1. 探寻证据

"探寻证据"是指在项目前期，根据项目目标，提出问题、查找证据、批判评价证据的过程。假定当前面对的是成都市中心区小微公园绿地的改造项目，目标是提升小微公园绿地使用。对此，首先，应由项目决策团队根据项目提出问题。该环节可借助上述"可供性模型"拓展思路，相关问题应表述为：人们对小微公园绿地的主要使用动机是什么；怎样的空间形式有利于支持使用动机，可否同时支持多种动机（动机—空间）；哪些环境要素可以支持使用动机，可否同时支持多种动机（动机—要素）等。其次，针对上述问题收集已发表在同行评议期刊、研究报告、专著等媒介上的研究证据。此过程中，对现有研究证据不能协助解决的特定问题，决策团队应及时开展相关研究，如当前项目的潜在使用人群有哪些，分别有哪些使用动机等。最后，对所获研究证据进行甄别、分析和评价，确定若干可用于指导本项目的研究证据。

　　其中,第二环节中的证据查找方法可借鉴循证医学的数据库检索法。"考克兰数据库"(The Cochrane Library)提供了一套成熟的医学证据查找方法,便于医疗人员在大量的医学文献中快速取得与临床问题相关的研究、评论或评估性文章,同时提供科学的方法,以制定临床个案的理想医疗计划。由于目前规划设计领域还没有建立专门的证据数据库,加之研究证据分布较为零散,相关证据的查找常以权威数据库检索结合研究人员运用专业知识筛选和判断为主。证据查找流程可概括为三个步骤(图6-4),其中第一步是计算机初检,此过程中尽可能多地使用相关词汇及其组合在多个数据库进行检索,以确保证据获取的全面性;第二步是对计算机初检结果进行人工筛选,专业研究人员通过查看文题、摘要、关键词及参考文献等关键信息,判断文献与研究对象的相关性,排除无关文献并将相关文献纳入下一步分析;第三步是阅读全文并依据"预设标准"(证据分级标准)对文献进行归类,以确定该环节的证据供下一环节使用。

　　上述第三步中的证据分级标准,不可简单复制医学领域的证据分级标准。研究认为,在非医非药领域引入循证理念,研究制定符合该领域的证据体系是证据发展的挑战之一。同时

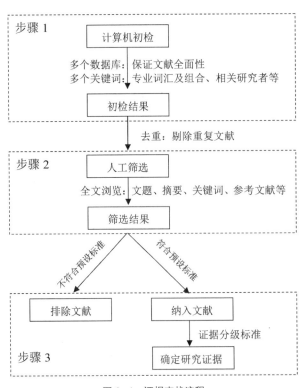

图6-4　证据查找流程

指出，将信息按照研究者和使用者关注的问题先分类，再在同类信息中按事先确定的标准经科学评价后严格分级，是筛选海量信息的重要方法和技巧。这一过程涉及对研究对象的证据范畴的确立和在此基础上的证据分级。其中，确立证据范畴的意义在于明确界定研究证据的边界，它是依据研究对象的特点、研究现状以及证据来源等信息，对当前的研究成果进行梳理归类并对以后的研究成果进行适时更新，是一个动态发展的过程。

就"小微公园绿地使用影响因素"来说，其主要特点表现为，影响因素众多，如需求端相关因素和供给端相关因素；作用机制复杂，如通过影响使用机会、使用动机等来影响最终使用；"在地性强"，如源于不同地域的研究结论可能不尽一致等。同时，现有研究设计多为横断面设计或准实验设计，亦有部分研究采用了定性方法。另外，研究证据大多源于环境心理学、流行病学、休闲游憩学和规划设计学等，或是彼此交叉的领域。以上几方面，共同决定了相应研究证据难以达到医学证据那样的丰富性和可靠性。因此，有必要探索符合研究对象自身特点的证据分级标准。参照 GRADE 证据分级和推荐强度并结合当前研究现状，尝试将相关研究证据分为 4 级（表 6-1）。在设计实践中，推荐强度逐渐下降，只有在高级证据缺失的情况下才使用低级证据。

研究证据分级建议

表 6-1

| 证据级别 | 研究方法 | 内容描述 |
| --- | --- | --- |
| 高级证据 | 系统评价 | 对多个原始研究（如随机对照研究、观察性研究等）成果的系统评价，属于级别最高的证据 |
|  | 随机对照试验 | 在控制干扰因素的条件下，将研究对象随机分组并对不同组实施不同的干预。该研究设计的有效性和安全性最佳，证据的论证强度和科学性最强，属于级别最高的原始证据 |
| 中级证据 | 横断面研究 | 采用问卷、访谈等方法收集数据，其中研究对象无分组，干扰因素非研究者可以控制，研究结果无法满足令人信服的重复、变量的严格控制，以及精确量化等严格要求，常会出现研究结果的偏倚，属于级别中等的原始证据 |
| 低级证据 | 个案研究 | 对单个或多个建成项目的案例总结，由于个案依据特定使用者及环境背景而定，仅记载了具体项目的设计决策过程，并不具备普遍意义，属于级别较低的证据 |
| 极低级证据 | 背景资料专家观点 | 概念辨析、个人观点、主观推测等，其中缺乏对实践的实质性指导或介入了过多的主观经验，属于级别最低的证据 |

假定经过上述步骤确定如下 4 条与社会交往或放松减压动机相关的证据：

（1）国外学者针对小微公园绿地、采用横断面方法的研究表明，过多的自然要素（如地被、灌木）会阻碍社会交往活动，旨在促进社会交往的设计措施应优先考虑有利于集会的要素（如硬铺园路、休憩设施）；对放松减压活动而言，应优先考虑地被和灌木，且要注意掩藏游乐设施和园外干扰等因素。

（2）国内学者针对小微公园绿地、采用横断面方法的研究除证明上述结论外，还发现地形变化对社会交往活动具有限制作用，但有利于放松减压活动（第 5 章结论之一）。

（3）国外学者针对小微公园绿地、采用准实验方法（场地改造前后使用者的行为变化）的研究表明，地形变化有利于放松减压活动。

（4）国外学者针对城市综合公园、采用横断面方法的研究表明，地被和灌木植物越丰富越有利于社会交往活动。

根据表 6-1，首先从上述研究证据的获取方式来看，证据（1）、（2）、（4）均为横断面方法所得，属于同一级别，推荐使用强度相当；证据（3）为现场实验方法所得，证据级别最高，推荐使用强度相对更强。从研究对象来看，证据（4）归属于大型综合公园，与当前项目不符，应排除在外。由此，对于放松减压需求的满足应优先考虑采用微地形处理，同时要多营造灌木围合空间、增加地被植物，屏蔽游乐设施和园外干扰等因素；对于社会交往需求的满足应优先考虑有利于集会的要素，如硬铺园路、休憩设施等。

## 2. 运用证据

作为循证设计的第二阶段，"运用证据"是指在项目的具体设计中，将上一阶段探寻到的研究证据与现场环境和使用者需求进行匹配（即"证据迁移"）并在此基础上提出设计方案。首先，对现场环境进行全面的调查分析以获取完备的场地信息。例如，调查第 5 章研究采用的与小微公园绿地有关的 14 个物质环境特征指标，重点关注以上研究证据所涉内容。其次，采用问卷法和访谈法等即时研究方法获取使用者的人口特征、使用动机等。最后，利用可供性模型将现场调查结果与第一阶段所确定的研究证据进行互相印证，提出具体的旨在提升物质环境特征知觉显著性的改造建议，如强化、弱化或无须重点考虑，其间根据环境特征可支持使用人群的多少确定其优先顺序（表 6-2）。

以成都市中心区小微公园绿地为例的模拟改造建议　表6-2

| 模拟项目 | 减压(%) | 社交(%) | 现场情况改造建议 | EAPRS 要素 | | | | | | | | | 空间 |
|---|---|---|---|---|---|---|---|---|---|---|---|---|---|
| | | | | 地被(%) | 灌木(%) | 硬铺园路 | 自然园路 | 特殊植被 | 休憩设施 | 游乐设施 | 集散空间 | 园外干扰 | 地形变化 |
| S01 | 51.9 | 27.0 | 现况 | 25.9 | 15.5 | ○ | ● | ● | ○ | ○ | ● | ● | ● |
| | | | 建议 | ↑ | ↑ | - | ↑ | ↓ | - | - | ↓ | ↓ | ↑ |
| S02 | 17.8 | 45.1 | 现况 | 13.2 | 0.0 | ● | ○ | ● | ● | ● | ● | ● | ○ |
| | | | 建议 | - | ↓ | ↑ | - | - | ↑ | ↑ | - | - | - |
| S03 | 34.4 | 40.7 | 现况 | 15.5 | 8.7 | ○ | ○ | ● | ● | ● | ● | ○ | ○ |
| | | | 建议 | - | ↓ | ↑ | - | - | ↑ | ↑ | - | - | - |
| S04 | 57.3 | 35.1 | 现况 | 49.7 | 12.6 | ● | ● | ○ | ● | ● | ● | ○ | ● |
| | | | 建议 | ↑ | ↑ | - | ↑ | - | - | ↓ | - | - | ↑ |
| S05 | 68.8 | 36.7 | 现况 | 40.2 | 15.3 | ● | ● | ○ | ○ | ○ | ○ | ○ | ● |
| | | | 建议 | ↑ | ↑ | - | ↑ | - | - | - | - | - | ↑ |
| S06 | 42.6 | 38.9 | 现况 | 28.4 | 10.0 | ● | ○ | ● | ● | ○ | ● | ● | ○ |
| | | | 建议 | ↑ | ↑ | - | ↑ | - | ↓ | - | - | ↓ | ↑ |
| S07 | 62.3 | 33.8 | 现况 | 35.7 | 16.2 | ○ | ● | ○ | ○ | ● | ○ | ● | ○ |
| | | | 建议 | ↑ | ↑ | - | ↑ | - | - | ↓ | - | ↓ | ↑ |
| S08 | 58.8 | 23.5 | 现况 | 35.1 | 13.2 | ○ | ○ | ○ | ○ | ○ | ● | ○ | ● |
| | | | 建议 | ↑ | ↑ | - | ↑ | ↓ | - | - | ↓ | - | ↑ |
| S09 | 28.5 | 55.4 | 现况 | 25.0 | 2.0 | ● | ○ | ○ | ● | ● | ● | ● | ○ |
| | | | 建议 | - | ↓ | ↑ | - | - | ↑ | ↑ | - | - | - |
| S10 | 78.1 | 18.5 | 现况 | 45.7 | 20.6 | ○ | ● | ○ | ○ | ○ | ○ | ○ | ● |
| | | | 建议 | ↑ | ↑ | - | ↑ | - | - | - | - | - | ↑ |
| S11 | 72.6 | 25.5 | 现况 | 40.2 | 18.4 | ○ | ● | ○ | ○ | ○ | ○ | ○ | ● |
| | | | 建议 | ↑ | ↑ | - | ↑ | - | - | - | - | - | ↑ |

注：现况●表示有，○表示无；建议↑表示需强化，↓表示需弱化，－表示无须重点考虑。

## 3. 总结证据

　　鉴于环境主体、客体因素的复杂性和易变性，很难营造出完全符合使用者需求的小微公园绿地。因此，要在项目建成若干时间后进行"使用后评价"（以一种规范化、系统化的程式，收集使用者对环境的评价数据信息，经过科学的分析了解他们对目标环境的评判）。"总结证据"即指在此阶段，一方面对设计的效果进行评估，研究建成环境是如何被使用的并做出相应的设计调整，是一个关于建成环境的动态维护过程；另一方面，要通过学术会议、期刊、专著等媒介对所得科学结论进行记录传播，为以后的实践提供新的证据。

综上所述，从"提出问题"（其中结合可供性模型启发思维）、"查找证据""批判证据"，到"迁移证据"（其中利用可供性模型相互印证）、"提出方案"，再到"用后评估""记录传播"，形成了一个完整的整合了可供性模型的循证设计闭合回路（图6-5）。此过程，以契合公园绿地供给与需求之间不确定关系的可供性模型为理论指导，以利用研究证据支持设计实践的循证设计为方法途径，二者的有机整合既有利于处理供需之间的复杂关系又可提升其有效性，从而可在一定程度上实现对公园绿地使用影响因素的控制，也即实现对影响其健康促进作用发挥的调节因素的控制。

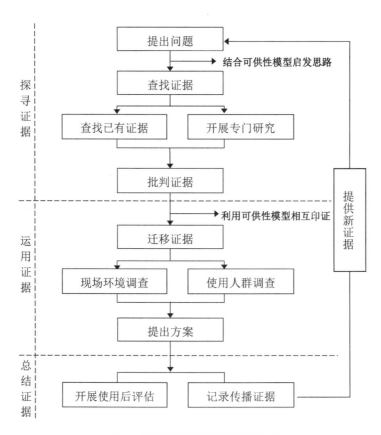

图6-5　整合可供性模型的循证设计过程

# 6.4 本章小结

　　无论感性认知还是科学研究均表明，以自然要素为主体的景观环境对人的健康具有多维效益。但是，现实世界中"自然—健康"之间的联系是否能够达成，受多重调节因素的干扰。因此，有必要探索自然与健康现实关联路径中调节因素的控制方法。不可否认，现行旨在提升邻近性、可达性等的干预策略的落地，可以大幅提升使用机会，但还不足以真正提升公园绿地的使用以及与之相伴的健康效益。究其原因，现行干预策略基于一种从供给到需求的单向度思维，默认人们对邻近公园绿地的使用。然而，真实的使用行为来自公园绿地供给与需求之间的匹配，为供给和需求的双向互动过程。为此，本章以如何提升公园绿地质量的角度切入，借助可供性和循证设计理论，在设计方法论层面探索了如何科学有效地匹配使用者的多元需求与物质环境要素的不同供给。基于小微公园绿地改造项目的示例表明，"可供性模型"有助于从多个角度启发项目决策者的思维，"循证设计"则可保障以研究证据支持设计实践，二者的融合有利于形成更加可靠的设计策略。需要说明的是，以小微公园绿地改造项目为例的探索，仅是从可供性模型的简单关系出发阐明如何在循证设计过程中结合该模型。

第 7 章

总　结

# 7.1 结论

本书关注高密度城市背景下的公园绿地与公共健康，在分析高密度城市公园绿地小微化发展趋势和述评研究所涉内核议题"自然—健康"研究现状的基础上，以关乎研究和实践对接的"自然如何影响健康"为问题导向进行定性定量研究。研究主要通过对理论情景和现实情境中自然与健康关联过程异同的对比分析、依托典型高密度城市小微公园绿地实例针对调节因素的实证研究，以及对现实关联路径调节因素控制方法的探索，得到以下结论：

1）现有研究针对"自然如何影响健康"建立的从自然环境，到中介效益，再到健康结局的线性关联路径，是在特定条件下才能确立的理论关联路径。其还不足以支持面向公共健康的实践应用，主要原因在于缺乏对能使其非线性化的现实世界中的调节因素及其控制方法的研究。这一问题关乎"自然—健康"转化效率的提升，尤其是在高密度城市自然资源紧缺的情况下不容忽视。为此，在对比分析理论和现实情境中自然与健康关联过程异同的基础上，借助生态系统服务原理、统计学中介—调节原理，本书研究尝试提出了包含 7 个环节的"自然与健康现实关联路径概念模型"。其中，由"自然生态系统—生态系统功能—生态系统服务—健康福祉"4 个环节组成的中介过程，可被使用自然环节有关的 3 个不同位置的调节因素影响。据行为科学领域的社会—生态理论，调节因素可被分为需求端相关因素和供给端相关因素。该模型可为将来具有良好生态效度的研究提供理论参考，也可为本书针对调节因素的实证研究提供理论依据。

2）受制于人口密集、用地紧张等刚性因素，大多数高密度城市，尤其是高密度城市中心区，大型公园绿地的总体规模固化、人均数量下降，公园绿地的小型化和碎片化趋势逐渐明显。由此，依托小微公园绿地探究调节因素的相关问题更具现实意义。研究选取成都市中心区这一典型高密度城市区域，以其中 11 个代表性小微公园绿地及其 406 个使用者为具体对象，在初步分析小微公园绿地真实使用情景并证明其健康效益的基础上，重点研究了小微公园绿地使用的人群差异及其主要成因并从需求和供给两方面定量分析影响因素，结果显示：

（1）在高密度城市中小微公园绿地与综合公园扮演着不同的角色。相较于后者，前者因数量大、分布广、可达性强等特点更易被人们在日常生活中就近使用。但是这并不意味着小微公园绿地能够完全替代综合公园。人们可能不是因为更加偏好而优先使用小微公园绿地，而是现实约束下对自然环境需求的一种"补偿行为"。

（2）小微公园绿地使用具有一定的健康促进作用（以情绪效价为健康指标）。小微公园绿地使用频率能解释情绪效价变化中的 1.61%，使用频率每上升 1 个梯度，被调查者的情绪效价增加 0.086 梯度。虽然健康效益有限，但因此类公园绿地具备数量大、分布广、可达性强、相对易于改造等特点而拥有大量潜在使用人群以及不可忽略的健康改善潜力。该结果意味着，小微公园绿地很可能成为高密度城市中促进公共健康的潜力资源，未来以健康为导向的城市绿地研究和实践有必要将其作为一个重要类别，并可参考如本书第 3 章提出的"自然与健康现实关联路径概念模型"开展系统的研究。

（3）即使在邻近性、可达性等方面具有天然优势，现实世界中人们对小微公园绿地的使用仍具有显著的社会分异性，表现为不同收入、教育、年龄及家庭结构的人群在使用频率上的显著差异。其中，中低收入、中低教育、老龄及有孩人群具有相对更高的使用频率，意味着在高密度城市中小微公园绿地对于改善与经济、教育和年龄相关的健康不公平具有重要意义。进一步分析表明，不同人群之间使用频率差异的主要原因不在于使用机会而在于使用动机上的不同。

（4）人们对小微公园绿地的主要使用动机为放松减压、享受好天气、社会交往、运动健身等。这些使用动机在不同年龄、性别或收入人群中的分布具有显著差异。进一步分析显示，使用动机的差异化可归因于不同特征人群的社会经济状况、生活方式偏好或个人原因，并且这种差异可在很大程度上解释使用频率上的差异，如相对高收入人群，中低收入人群对小微公园绿地的放松减压、社会交往以及运动健身动机更明显，使用频率也相对更高。

（5）小微公园绿地物质环境特征对使用动机有明显的支持或限制作用。其中，有利于"放松减压"的环境特征为较多地被、较多灌木、地形变化、自然园路，而阻碍这一动机的环境特征为特殊植被、游乐设施、集散空间、园外干扰；有利于"社会交往"的环境特征为硬铺园路、休憩设施、游乐设施；阻碍这一动机的环境特征为较多灌木和地形变化。此外，一些环境特征不能同时支持多种动机，如灌木围合空间支持放松减压的同时阻碍社会交往。

3）现行旨在提升数量、可达性等的干预策略的实现可大幅提升小微公园绿地使用机会，但还不足以真正提升小微公园绿地使用以及与之相伴的公共健康。因为真实的使用行为来自人的需求和绿地供给之间的匹配，为双向互动过程而非现行干预策略默认的单向过程。结合了可供性模型的循证设计方法可用于处理小微公园绿地供需之间的复杂关系并可提升该过程的有效性，由此可支持"通过不同的物质环境供给来匹配使用者的多元需求，进而吸引更多人使用并由此改善健康"这一干预策略的落地。

## 7.2 创新点

本书主要创新点如下：

1）提出了"自然与健康现实关联路径概念模型"。该模型对过去仅反映了从自然到健康线性过程的"理论"关联路径和能使其非线性化的调节因素进行了整合，反映了现实世界中自然与健康的完整关联过程，其将有助于为未来具有良好生态效度的研究和本书下一步针对其中调节因素的实证研究提供理论参考。

2）从上述模型中联结自然与健康的关键环节"使用自然"切入，依托典型高密度城市区域的小微公园绿地开展了实证研究。通过对人口学因素与使用频率间关系的定量分析，发现小微公园绿地使用具有显著的社会分异性。其中，中低收入、中低教育、老龄以及有孩人群的使用频率相对更高，表明小微公园绿地可能是高密度城市中促进健康公平的重要资源。进一步分析显示，不同人群之间使用频率差异的主要原因不在于使用机会而在于使用动机上的不同。

3）从需求和供给两方面，定量分析了造成上述社会分异性的因素。通过对人口学因素与不同使用动机间关系的分析，发现使用动机在不同年龄、性别或收入人群中具有较大差异并具有明显的分布规律；通过对小微公园绿地环境特征与不同使用动机间关系的分析，发现环境特征对使用动机有明显的支持或限制作用，如具有"自然"或"庇护"属性的环境特征可提供放松减压的机会，而具有"社会"或"文化"属性的环境特征对其有限制作用，此外一些环境特征不能同时支持多种动机，如灌木围合空间支持放松减压的同时限制社会交往。

4）提出了以促进公共健康为导向的小微公园绿地质量提升思路，即通过不同的物质环境供给匹配使用者的多元需求，进而吸引更多人使用并由此改善健康；进一步通过可供性模型与循证设计过程的整合，探索了支持上述思路落地的方法。

## 7.3 不足与展望

1）理论分析方面，由于现实世界中基于自然环境的健康获益方式多维、影响因素众多、作用机制复杂，文中对自然与健康现实关联路径所涉中介因素和调节因素的分析主要根据现有相关研究讨论了较具代表性的一部分，在此基础上，对"自然与健康现实关联路径概念模型"

的构建带有一定的先验性。对此，需要在将来大量实证研究的支持下进一步总结完善和补充修正。此外，对现实关联路径调节因素控制方法的探索还处于较为粗浅的阶段。可供性模型和循证设计本身均为较复杂的理论，结合二者形成简明实用的、针对性强的、可直接指导设计实践的设计流程还需较长时间的研究积累。

2）实证研究方面，以调节因素为切入点的实证研究中，除本书 4.4.2 节和 5.3.2 节所述，由于当前研究条件和研究能力有限，主要分析了微观层面的人口学因素和小微公园绿地物质环境因素，缺乏对区域生态环境、社会文化环境、当地气候等宏观因素的分析。此外，因"自然与健康现实关联路径"理论系统庞杂，涉及内容广泛，为了保证研究的深度，上述实证研究重点截取了其中的关键部分开展研究，未来需要进一步量化研究包含此模型所有环节在内的完整路径，以不断修正和完善该模型。

# 附录 A　成都市中心区小微公园绿地调查流程

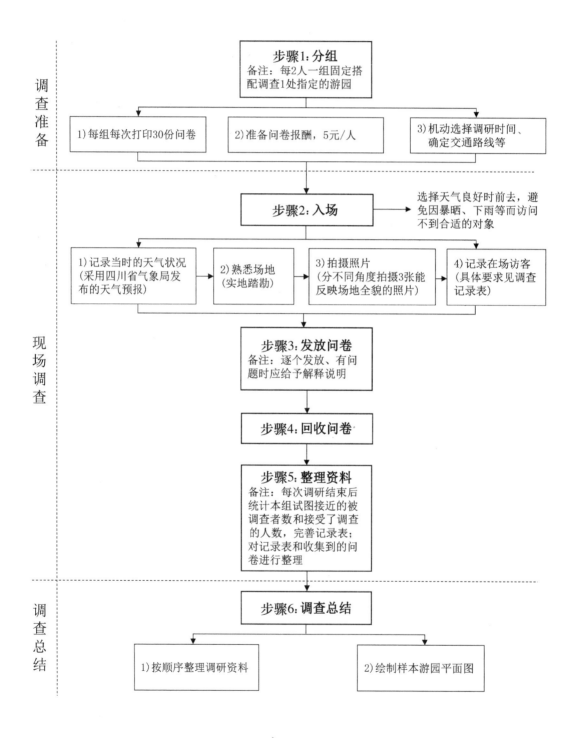

调查准备

**步骤1：分组**
备注：每2人一组固定搭配调查1处指定的游园

1)每组每次打印30份问卷

2)准备问卷报酬，5元/人

3)机动选择调研时间、确定交通路线等

现场调查

**步骤2：入场**　→　选择天气良好时前去，避免因暴晒、下雨等而访问不到合适的对象

1)记录当时的天气状况（采用四川省气象局发布的天气预报）

2)熟悉场地（实地踏勘）

3)拍摄照片（分不同角度拍摄3张能反映场地全貌的照片）

4)记录在场访客（具体要求见调查记录表）

**步骤3：发放问卷**
备注：逐个发放、有问题时应给予解释说明

**步骤4：回收问卷**

**步骤5：整理资料**
备注：每次调研结束后统计本组试图接近的被调查者数和接受了调查的人数，完善记录表；对记录表和收集到的问卷进行整理

调查总结

**步骤6：调查总结**

1)按顺序整理调研资料

2)绘制样本游园平面图

# 附录 B　成都市中心区小微公园绿地调查记录表

调研日期_____ 开始时间_____ 结束时间_____ 调研地点_____

天气状况_____ 室外温度_____ 空气指数_____ 记 录 人_____

| 使用者特征 | | 独自一人 | 2人（夫妇、情侣） | 3~10人小群体 | 10人以上大群体 |
|---|---|---|---|---|---|
| 观察到的所有在场人数（不包括行人） | 合计： | 小计： | 组数：<br>小计： | 组数：<br>小计： | 组数：<br>小计： |
| 试图去接近进行问卷调查的人数 | 合计： | 小计： | 小计： | 小计： | 小计： |
| 接受了问卷调查的人数 | 合计： | 小计： | 小计： | 小计： | 小计： |

**场地背景**

注：向使用者询问场地修建和改建历史及其对场地的个人看法等

**环境特征记录**

注：1）场地边界：以场地与周边区域衔接处为界，如以场地与其旁边人行道之间的路缘石为界。2）记录内容包括：①周围建筑、道路轮廓（须标明宽度）；②场地内部乔木、灌木、地被的平面布局（须附植物统计表）；③场地内部道路布局（须标明宽度、铺装材质等）；④场地内部设施布局（须标明名称、数量等，如健身器材、亭、廊、座椅、卫生间、雕塑等）；⑤其他场地内部可能有的元素须表现（如水景）

**现场照片记录**

注：每次调研拍摄 3 张不同角度能基本反映场地全貌的照片

# 附录 C   成都市中心区小微公园绿地调查问卷

　　科学研究表明，城市绿地（尤其是开放使用的公园绿地）具有缓解压力和精神疲劳、促进社会交往、提升体力活动等多重健康效益。该调查问卷的目的主要在于了解您对日常生活环境周边小微公园绿地（可自由使用的小游园）的使用情况和使用感受。问卷采用匿名和自愿填写方式，不涉及您的个人隐私及其他相关利益，请您根据自己的实际情况放心作答。

——请在以下您认为合理的选项上打"√"或填写相关信息——

**第一部分　小微公园绿地使用情况**

1. 您到达这个小游园的大概距离是多少？（不特指从住处过来）

| 0~300m | 300~500m | 500~1000m | 1000~2000m | 2000m 以上 |
|---|---|---|---|---|
| | | | | |

2. 您通过何种交通方式到达这里？

| 步行 | 慢跑 | 自行车 | 公共交通 | 私人汽车 |
|---|---|---|---|---|
| | | | | |

3. 您是从哪个地方来到这个小游园的？（如家里、工作单位、商场等）
请填写：＿＿＿＿＿＿＿＿＿＿＿＿＿＿＿＿＿＿＿＿＿＿＿

　　您待会离开这里的时候要去哪里？（如回家、回工作单位、去购物等）
请填写：＿＿＿＿＿＿＿＿＿＿＿＿＿＿＿＿＿＿＿＿＿＿＿

4. 您在今年的 3、4 月份期间大概多久来这里一次？

| 每天几次 | 每天一次 | 每周几次 | 每周一次 | 每月一次 | 更少 | 第一次来 |
|---|---|---|---|---|---|---|
| | | | | | | |

5. 您一般每次在这里待多长时间？

| 约 5 min | 约 15 min | 约 30 min | 约 1 h | 约 2 h | 更长 |
|---|---|---|---|---|---|
| | | | | | |

6. 您平时更喜欢在什么时候来这里？（可多选）

| 一天之内 | □ 清晨（8 点以前）□ 早晨（8~12 点）□ 下午（12~18 点）□ 晚上（18 点以后） |
|---|---|
| 一周之内 | □ 工作日　　　　□ 周末 |

7. 您来这里的主要原因是什么？（必答题，可多选，可自己作答）

| 放松减压（如放松心情、舒缓压力、清醒头脑等） | |
|---|---|
| 享受好天气（如阳光、空气、绿荫等） | |
| 社会交往（如和他人聊天、品茗、棋牌等） | |
| 运动健身（如跑步、散步或使用健身器械） | |
| 观看植物、感受季节变化 | |
| 陪孩子玩耍 | |
| 遛狗 | |
| 其他（如无目的逗留） | |

如果上述选项都没有准确反映您来这里的原因，请在此补充：＿＿＿＿＿＿＿＿＿＿＿＿

8. 您一般在什么时候去大型综合公园或其他较大的城市自然区域？（可多选）

　　□ 工作日（周一至周五）　　　　　□ 周末

9. 您大概多久去一次大型综合公园或其他较大的城市自然区域？

| 每天一次及以上 | 每周几次 | 每周一次 | 每月一次 | 很少去 |
|---|---|---|---|---|
|  |  |  |  |  |

10. 离您的住处最近的大型综合公园大概有多远？

| 0~500m | 500~1000m | 1000~2000m | 2000~5000m | 5000m 以上 |
|---|---|---|---|---|
|  |  |  |  |  |

11. 您拥有家庭专属户外花园、小区游园（非简单绿化）等私有花园吗？

　　□ 有，是什么？_____　　□ 无

## 第二部分 被调查者基本情况

12. 您的性别？　　　　　　　　　□ 男性　　　　□ 女性

13. 您的婚恋状况？　　　　　　　□ 非单身　　　□ 单身

14. 您家中是否有学龄前儿童？　　□ 有孩　　　　□ 无孩

15. 您的年龄段？

| 18~25 岁 | 26~35 岁 | 36~45 岁 | 46~60 岁 | 60 岁以上 |
|---|---|---|---|---|
|  |  |  |  |  |

16. 您的教育程度？

| 小学教育 | 初中教育 | 高中教育 | 职业教育 | 本科以上 |
|---|---|---|---|---|
|  |  |  |  |  |

17. 您的家庭人均月收入是多少？

| 小于 1500 元 | 1500~3000 元 | 3000~5000 元 | 5000~7000 元 | 7000 元以上 |
|---|---|---|---|---|
|  |  |  |  |  |

## 第三部分 健康状况自评

18. 您过去一个月经常感到很高兴？

　　几乎没有　| 0 | 1 | 2 | 3 | 4 | 5 | 6 |　极其高兴

19. 您过去一个月经常感到很低落？

　　几乎没有　| 0 | 1 | 2 | 3 | 4 | 5 | 6 |　极其低落

20. 您平时的工作时间大概几小时？　　请填写：

21. 您平时的睡眠时间大概几小时？　　请填写：

22. 您平时有着融洽的家庭关系？

　　很不符合　| 0 | 1 | 2 | 3 | 4 | 5 | 6 |　极其符合

23. 您平时经常参加聚会等社交活动？

　　很不符合　| 0 | 1 | 2 | 3 | 4 | 5 | 6 |　极其符合

24. 您平时是个健谈的人吗？

　　很不符合　| 0 | 1 | 2 | 3 | 4 | 5 | 6 |　极其符合

25. 您平时在社交场合是否倾向于停留在不显眼的地方？

　　很不符合　| 0 | 1 | 2 | 3 | 4 | 5 | 6 |　极其符合

26. 您平时的情绪是否时起时落？

　　很不符合　| 0 | 1 | 2 | 3 | 4 | 5 | 6 |　极其符合

27. 您平时会无缘无故感到自己很悲惨？

　　很不符合　| 0 | 1 | 2 | 3 | 4 | 5 | 6 |　极其符合

# 附录 D　成都市中心区小微公园绿地使用情况统计

| 变量 | 比例 (%) | 变量 | 比例 (%) |
|---|---|---|---|
| 1. 来到这儿的大概距离 | | 6. 喜欢什么时候来这里（多选） | |
| 0~300m | 20.2 | 清晨（8 点前） | 9.4 |
| 300~500m | 24.1 | 早晨（8~12 点） | 25.6 |
| 500~1000m | 19.5 | 下午（12~18 点） | 51.0 |
| 1000~2000m | 9.4 | 晚上（18 点后） | 30.3 |
| 2000m 以上 | 26.8 | 工作日 | 82.9 |
| 2. 从哪里来，然后去哪里（开放） | | 周末 | 61.4 |
| 从住处来，返回住处 | 37.9 | 7. 一般每次在这里待多长时间 | |
| 从 A 地来，然后去住处 | 20.4 | 约 5 min | 7.1 |
| 从住处来，然后去 B 地 | 19.5 | 约 15 min | 26.1 |
| 从 A 地来，然后去 B 地 | 13.5 | 约 30 min | 34.0 |
| 从 C 地来，返回 C 地 | 8.6 | 约 1 h | 18.7 |
| 3. 来这里的主要原因（多选，半开放） | | 约 2 h | 7.4 |
| 放松心情、舒缓压力、清醒头脑等 | 60.6 | 更长 | 6.7 |
| 和他人聊天、品茗、棋牌等 | 37.1 | 8. 是否拥有私有游园 | |
| 跑步、散步或使用健身器械 | 18.2 | 私家花园或小区游园（非简单绿化） | 37.5 |
| 享受阳光、新鲜空气、阴凉等 | 47.8 | 没有 | 62.5 |
| 观看植物、感受季节变化 | 16.6 | 9. 住宅到大型综合公园的大概距离 | |
| 陪孩子玩耍 | 16.1 | 0~500m | 14.8 |
| 遛狗 | 5.1 | 500~1000m | 26.6 |
| 其他（如无目的逗留） | 4.9 | 1000~2000m | 22.7 |
| 4. 通过何种交通方式到达这里 | | 2000~5000m | 27.3 |
| 公共交通 | 20.9 | 5000m 以上 | 8.6 |
| 私有汽车 | 6.7 | 10. 喜欢什么时候去大型综合公园（多选） | |
| 自行车 | 12.1 | 工作日 | 26.3 |
| 步行及慢跑 | 60.3 | 周末 | 84.4 |
| 5. 多久来这里一次 | | 11. 多久访问大型综合公园一次 | |
| 每天几次 | 8.8 | 每天一次及以上 | 2.0 |
| 每天一次 | 17.2 | 每周几次 | 15.0 |
| 每周几次 | 21.2 | 每周一次 | 29.1 |
| 每周一次 | 25.4 | 每月一次 | 26.8 |
| 每月一次 | 5.2 | 很少去 | 27.1 |
| 更少 | 8.9 | | |
| 第一次来 | 13.3 | | |

# 参考文献

[1]　侯韫婧,赵晓龙,朱逊.从健康导向的视角观察西方风景园林的嬗变 [J].中国园林,2015(4):101-105.

[2]　国务院办公厅.中国防治慢性病中长期规划 (2017—2025 年 )[R].2017.

[3]　SHAN X Z. Common diseases in China overlooked[J]. Science, 2015, 347(6222): 620.

[4]　李滔,王秀峰.健康中国的内涵与实现路径 [J].卫生经济研究,2016(1):4-10.

[5]　姜斌,张恬,威廉·C.苏利文.健康城市:论城市绿色景观对大众健康的影响机制及重要研究问题 [J].景观设计学,2015(1):24-34.

[6]　WARD THOMPSON C. Linking landscape and health: the recurring theme[J]. Landscape & Urban Planning, 2011, 99(3): 187-195.

[7]　SUGIYAMA T, CARVER A, KOOHSARI M J, et al. Advantages of public green spaces in enhancing population health[J]. Landscape & Urban Planning, 2018, 178: 12-17.

[8]　HARTIG T, MITCHELL R, DE-VRIES S, et al. Nature and health[J]. Annual Review of Public Health, 2014(1): 207-228.

[9]　VAN-DEN-BOSCH M, Sang Å O. Urban natural environments as nature-based solutions for improved public health-a systematic review of reviews[J]. Environmental Research, 2017, 158(1): 373-384.

[10]　Shanahan D F, Lin B B, Bush R, et al. Toward improved public health outcomes from urban nature[J]. American Journal of Public Health, 2015, 105(3): 470-477.

[11]　吴恩融.高密度城市设计:实现社会与环境的可持续发展 [M].叶齐茂,倪晓晖译.北京:中国建筑工业出版社,2014.

[12]　张圆,康健,金虹.高密度城市公共开放空间的恢复性效益研究:以沈阳市为例 [J].建筑学报,2015(13):152-157.

[13]　李敏,叶昌东.高密度城市的门槛标准及全球分布特征 [J].世界地理研究,2015(1):38-45.

[14]　WHO. Urban population growth, global health observatory database[EB/OL]. (2014-5-14).http://www.who.int/gho/urban_health/situation_trends/urban_population_growth_text/en/index.html.

[15]　马亚利,李贵才,刘青.快速城镇化背景下乡村聚落空间结构变迁研究评述 [J].城市发展研究,2014(3):55-60.

[16]　国家统计局:截至 2017 年末全国人口城镇化率超 58%[EB/OL].（2018-1-18）.http://news.ynet.com/2018/01/18/875709t70.html.

[17]　GRAHN P, STIGSDOTTER U K. The relation between perceived sensory dimensions of urban green space and stress restoration[J]. Landscape & Urban Planning, 2010,

94 (3-4): 264-275.

[18]　王峤，曾坚.高密度城市中心区的防灾规划体系构建 [J].建筑学报,2012 (8): 144-148.

[19]　SHANAHAN D F, FRANCO L, LIN B B, et al. The benefits of natural environments for physical activity[J]. Sports Medicine, 2016, 46 (7): 989-995.

[20]　谭少华，李进.城市公共绿地的压力释放与精力恢复功能 [J].中国园林,2009 (6)79-82.

[21]　谭少华，郭剑锋，赵万民.城市自然环境缓解精神压力和疲劳恢复研究进展 [J].地域研究与开发,2010，29 (4): 55-60.

[22]　陈静媛.基于改善静态生活方式理念的规划策略思考 [C]// 中国城市规划学会.新常态：传承与变革——2015 中国城市规划年会论文集（03 城市规划历史与理论）.北京：中国建筑工业出版社,2015.

[23]　WHO. Depression, programmes and projects[EB/OL]. （2008-07-16）.http: //www. who.int/mental health/management/depression/definition/en/.

[24]　ALDWIN C M. Stress, coping, and development: an integrative approach[M]. New York: Guilford, 2007.

[25]　TSIGOS C, CHROUSOS G P. Stress, the endoplasmic reticulum, and insulin resistance[J]. Journal of Psychosomatic Research, 2002 (53): 865-871.

[26]　ULRICH R S, SIMONS R F, LOSITO B D, et al. Stress recovery during exposure to natural and urban environments[J]. Journal of Environmental Psychology, 1991, 11 (3): 201-230.

[27]　OLMSTED F L. The value and care of parks[M] // NASH R. The American Environment: Readings in the history of conservation. Reading, MA: Addison-Wesley, 1968: 18-24.

[28]　ULRICH R S. View through a window may influence recovery from surgery[J]. Science, 1984, 224 (4647): 420-421.

[29]　郭庭鸿，舒波，董靓.从城市自然到居民健康的生态系统文化服务路径 [J].中国城市林业,2018,16 (2): 33-37,42.

[30]　孙振宁，杨传贵，贾梅.美国痴呆症康复花园设计综述 [J].中国园林,2015,31 (9): 75-79.

[31]　BARTON H. A health map for human settlements[J]. Built Environment, 2005, 31 (4): 339-355.

[32]　KAPLAN S. The restorative benefits of nature: toward an integrative framework[J]. Journal of Environmental psychology, 1995, 15 (3): 169‒182.

[33]　DE-VRIES S, VAN DILLEN S M E, GROENEWEGEN P P, et al. Streetscape greenery

and health: stress, social cohesion and physical activity as mediators[J]. Social Science & Medicine, 2013,94: 26–33.

[34]    GESLER W. Therapeutic landscapes: medical issues in light of the new cultural geography[J]. Social Science and Medicine, 1992, 34 (7): 735–746.

[35]    ULRICH R S. A theory of supportive design for healthcare facilities[J]. Journal of Healthcare Design, 1997 (9): 3–7.

[36]    WHO Regional Office for Europe. Promoting physical activity and active living in urban environments: The role of local governments, the solid facts. 2006.

[37]    SCHIPPERIJN J, EKHOLM O, STIGSDOTTER U K. Factors influencing the use of green space: results from a Danish national representative survey[J]. Landscape & Urban Planning, 2010,95 (3): 130–137.

[38]    PESCHARDT K K, SCHIPPERIJN J, STIGSDOTTER U K. Use of small public urban green spaces (SPUGS)[J]. Urban Forestry & Urban Greening, 2012, 11 (3): 235–244.

[39]    SANG Å O, KNEZ I, GUNNARSSON B, et al. The effects of naturalness, gender, and age on how urban green space is perceived and used[J]. Urban Forestry & Urban Greening, 2016, 18 (8): 268–276.

[40]    肖希,李敏. 澳门半岛高密度城市微绿空间增量研究 [J]. 城市规划学刊,2015 (5): 105–110.

[41]    徐波,郭竹海,贾俊.《城市绿地分类标准》修订中的基本思考 [J]. 中国园林,2017,33 (6): 64–66.

[42]    骆天庆,傅玮芸,夏良驹. 基于分层需求的社区公园游憩服务构建：上海实例研究 [J]. 中国园林,2017 (2): 113–117.

[43]    BAUR J W R, TYNON J F. Small-scale urban nature parks: why should we care?[J]. Leisure Sciences, 2010 (2): 195–200.

[44]    LACHOWYCZ K, JONES A P. Towards a better understanding of the relationship between greenspace and health: development of a theoretical framework[J]. Landscape & Urban Planning, 2013, 118 (3): 62–69.

[45]    BRATMAN G N, HAMILTON J P, DAILY G C. The impacts of nature experience on human cognitive function and mental health[J]. Annals of the New York Academy of Sciences, 2012 (1): 118–136.

[46]    DE-JONG K, ALBIN M, SKARBACK E. Area-aggregated assessments of perceived environmental attributes may overcome single-source bias in studies of green environments and health: results from a cross-sectional survey in southern Sweden[J]. Environment Health, 2011, 10 (1): 4–14.

[47]    MARSELLE M R, IRVINE K N, LORENZO-ARRIBAS A, et al. Does perceived restorativeness mediate the effects of perceived biodiversity and perceived naturalness on emotional well-being following group walks in nature?[J]. Journal of Environmental Psychology, 2016, 46: 217–232.

[48] 韩可宗."稀树草原假说"就景观美质,偏好与复愈反应的再次验证 [J]. 地理学报 ,2005,41: 25-44.

[49] 王向荣 , 林菁 . 自然的含义 [J]. 中国园林 ,2007 (1): 25-44.

[50] 韩西丽 , 李迪华 . 城市残存近自然生境研究进展 [J]. 自然资源学报 ,2009,24 (4): 562-566.

[51] 中华人民共和国住房和城乡建设部 . 城市绿地分类标准:CJJ/T 85—2017 [S]. 北京:中国建筑工业出版社 ,2018.

[52] 杨振山 , 张慧 , 丁悦 , 等 . 城市绿色空间研究内容与展望 [J]. 地理科学进展 ,2015 (1): 18-29.

[53] 张虹鸥 , 岑倩华 . 国外城市开放空间的研究进展 [J]. 城市规划学刊 ,2007 (5): 78-84.

[54] KABISCH N, HAASE D. Green spaces of European cities revisited for 1990-2006[J]. Landscape & Urban Planning, 2013, 110: 113-122.

[55] DAI D. Racial/ethnic and socioeconomic disparities in urban green space accessibility: where to intervene?[J]. Landscape & Urban Planning, 2011, 102 (4): 234-244.

[56] PESCHARDT K K. Health promoting pocket parks in a landscape architectural perspective[D]. Copenhagen: University of Copenhagen, 2014.

[57] 张文英 . 口袋公园:躲避城市喧嚣的绿洲 [J]. 中国园林 ,2007 (4): 47-53.

[58] 成都市人民政府 . 成都市城市总体规划 (2016—2035)(公众意见征集稿 )[Z].2017.

[59] 张铭琦 , 吕富珣 . 论医学模式的发展对医院建筑形态的影响 [J]. 建筑学报 ,2002 (4): 40-42.

[60] WHO. Preamble to the Constitution of the World Health Organization[R]. New York: 1946.

[61] MEA: ecosystems and human wellbeing synthesis[R]. Washing DC: Island Press, 2005.

[62] 肖巍 . 关于公共健康伦理的思考 [J]. 清华大学学报 ( 哲学社会科学版 ),2004 (5): 57-62.

[63] 张俊彦 , 唐宜君 . 健康的城市生态与健康的人 [J]. 景观设计学 ,2015 (1): 45-53.

[64] SULLIVAN C W, FRUMKIN H, JACKSON R J, et al. Gaia meets Asclepius: creating healthy places[J]. Landscape & Urban Planning, 2014, 127 (2): 182-184.

[65] HARTIG T, EVANS G W, JAMNER L D, et al. Tracking restoration in natural and urban field settings[J]. Journal of Environmental Psychology, 2003, 23 (2): 109-123.

[66] 鲁斐栋 , 谭少华 . 建成环境对体力活动的影响研究:进展与思考 [J]. 国际城市规划 ,2015 (2): 62-70.

[67] PRETTY J. How nature contributes to mental and physical health[J]. Spirituality & Health International, 2004, 5 (2): 68-78.

[68] FORREST R, KEARNS A. Social cohesion, social capital and the neighbourhood[J]. Urban Studies, 2001, 38 (12): 2125-2143.

[69] 李立明 . 流行病学 [M]. 第 6 版 . 北京:人民卫生出版社 ,2007.

[70] EISENMAN T S . Greening cities in an urbanizing age: the human health bases in the nineteenth and early twenty-first centuries[J]. Change Over Time, 2016, 6 (2): 216-246.

[71] VELARDE M D, FRY G, TVEIT M. Health effects of viewing landscapes-landscape

types in environmental psychology[J]. Urban Forestry & Urban Greening, 2007, 6 (4): 199–212.

[72] QIU L, NIELSEN A B. Are perceived sensory dimensions a reliable tool for urban green space assessment and planning？[J]. Landscape Research, 2015, 40 (7): 1–21.

[73] KAPLAN R, KAPLAN S. The experience of nature: a psychological perspective[M]. New York: Cambridge University Press, 1989.

[74] 余洋. 景观体验研究 [D]. 哈尔滨：哈尔滨工业大学 ,2010.

[75] ZUBE E H, SELL J L, TAYLOR J G. Landscape perception: research, application and theory[J]. Landscape Planning, 1982,9 (1): 1–33.

[76] 黄孝璋. 景观偏好、注意力恢复力及生理心理反应之相关性研究 [D]. 台北：台湾大学 ,2007.

[77] ULRICH R S. Aesthetic and affective response to natural environment[M] // ALTMAN I, WOHLWILL J F. Behavior and the natural environments. New York: Plenum Press, 1983: 85–125.

[78] HARTIG T, STAATS H. The need for psychological restoration as a determinant of environmental preferences[J]. Journal of Environmental Psychology, 2006, 26: 215–226.

[79] SHEPARD O. The heart of Thoreau's Journals[M]. New York: dover Publications,1961.

[80] 帕特里克·弗朗西斯·穆尼. 康复景观的世界发展 [J]. 陈进勇译. 中国园林 ,2009 (7): 24–27.

[81] 赵金,宋力. 中国古典私家园林对现代医院康复景观设计的启示 [J]. 沈阳农业大学学报（社会科学版）,2011 (7): 492–496.

[82] 杰弗瑞·杰里柯,苏珊·杰里柯. 图解人类景观：环境塑造史论 [M]. 刘滨谊译. 上海：同济大学出版社 , 2006.

[83] MARCUS C C, BARNES M. Healing gardens: therapeutic benefits and design recommendations[M]. New York: Wiley, 1999.

[84] 雷艳华,金荷仙,王剑艳. 康复花园研究现状及展望 [J]. 中国园林 ,2011 (4): 31–36.

[85] 贺镇东. 综合医院建筑设计 [M]. 北京：中国建筑工业出版社 ,1976.

[86] WARD THOMPSON C. Historic American parks and contemporary needs[J]. Landscape & Urban Planning, 1998, 17 (1): 1–25.

[87] 王志芳,程温温,王华清. 循证健康修复环境：研究进展与设计启示 [J]. 风景园林 ,2015 (6): 110–116.

[88] 杨欢,刘滨谊,帕特里克·A·米勒. 传统中医理论在康健花园设计中的应用 [J]. 中国园林 ,2009 (7): 13–18.

[89] 克莱尔·库珀·马科斯. 康复花园 [J]. 罗华,金荷仙译. 中国园林 ,2009 (7): 1–6.

[90] 刘博新,李树华. 基于神经科学研究的康复景观设计探析 [J]. 中国园林 ,2012 (11): 47–51.

[91]　MATSUOKA R H, KAPLAN R. People needs in the urban landscape: analysis of landscape and urban planning contributions[J]. Landscape & Urban Planning, 2008, 84(1): 7–19.

[92]　刘晓霞, 邹小华, 王兴中. 国外健康地理学研究进展 [J]. 人文地理, 2012(3): 23–27.

[93]　SHAN J. Therapeutic landscapes and healing gardens: a review of Chinese literature in relation to the studies in western countries[J]. Frontiers of Architectural Research, 2014(3): 141–153.

[94]　王晓博, 李金凤. 康复性景观及其相关概念辨析 [J]. 北京农学院学报, 2012, 27(2): 71–73.

[95]　NORDH H. Quantitative methods of measuring restorative components in urban public parks[J]. Journal of Landscape Architecture, 2012, 7(1): 46–53.

[96]　HARTIG T, MANG M, EVANS G W .Restorative effects of natural environment experiences[J]. Environment & Behavior, 1991, 23(1): 3–26.

[97]　KAPLAN R. Some psychological benefits of an outdoor challenge programme[J]. Environment & Behavior, 1974, 6(1): 101–116.

[98]　ULRICH R S. Visual landscapes and psychological well–being[J]. Landscape Research, 1979, 4(1): 17–23.

[99]　ULRICH R S, SIMONS R F. Recovery from stress during exposure to everyday outdoor environments[C] // WINEMAN J, BARNES R, ZIMRING C. Proceedings of the seventeenth annual conference of the environmental design research association. Washington DC: EDRA, 1986: 115–122.

[100] MARCUS C C, BARNES M. Gardens in the healthcare facilities: uses, therapeutic benefits and design recommendations [R]. Center for Health Design, 1995.

[101] KAPLAN S, TALBOT J F. Psychological benefits of a wilderness experience[M]// Altman I, Wohlwill J F. Behavior and the natural environment. New York: Plenum Press, 1983: 163–203.

[102] KNOPF R C. Human behavior, cognition and affect in the natural environment[M] // Stokols D, Altman I. Handbook of environmental psychology. New York: John Wiley, 1987: 783–825.

[103] HULL R B. Mood as a product of leisure: causes and consequences[J].Journal of Leisure Research, 1990(22): 99–111.

[104] 陈晓, 王博, 张豹. 远离"城嚣": 自然对人的积极作用, 理论及其应用 [J]. 心理科学进展, 2016, 24(2): 270–281.

[105] BERTO R. The role of nature in coping with psycho–physiological stress: a literature review on restorativeness[J]. Behavioral Sciences, 2014, 4(4): 394–409.

[106] HONEYMAN M. Vegetation and stress: a comparison study of varying amounts of vegetation in countryside and urban scenes[M]// National Symposium on the Role of Horticulture in Human Well–being and Social Developments. Washington D.C., 1990.

[107] ULRICH R S. Natural versus urban scenes: some psychophysiological effects[J]. Environment & Behavior, 1981, 13(5): 523-556.

[108] MOORE E O. A prison environment's effect on health care service demands[J]. Journal of Environmental Systems, 1982, 11: 17-34.

[109] HEERWAGEN J H. Psychological aspects of windows and window design[C]// SELBY R I, ANTHONY K H, CHOI J, et al. Proceedings of the 21st Annual Conference of the Environmental Design Research Association. Oklahoma City: EDRA, 1990: 269-280.

[110] PARSONS R, TASSINARY L G, ULRICH R S, et al. The view from the road: implications for stress recovery and immunization[J]. Journal of Environmental Psychology, 1998, 18(2): 113-140.

[111] CHANG C Y, HAMMITT W E, CHEN P K, et al. Psychophysiological responses and restorative values of natural environments in Taiwan[J]. Landscape & Urban Planning, 2008, 85(2): 79-84.

[112] KUO F E. Coping with poverty: impacts of environment and attention in the inner city[J]. Environment &Behavior, 2000, 33(1): 5-34.

[113] KUO F E, SULLIVAN W C. Environment and crime in the inner city. Does vegetation reduce crime?[J]. Environment & Behavior, 2001, 33(3): 343-367.

[114] KUO F E, SULLIVAN W C. Aggression and violence in the inner city. Effects of environment via mental fatigue[J]. Environment & Behavior, 2001, 33(4): 543-571.

[115] TAYLOR A F, KUO F E, SULLIVAN W C. Views of nature and self-discipline: evidence from inner city children[J]. Journal of Environmental Psychology, 2002, 22(1): 49-63.

[116] STIGSDOTTER U K. A garden at your workplace may reduce stress[J]. Ur Dilani, 2004: 147-157.

[117] JIANG B, CHANG C Y, SULLIVAN W C. A dose of nature: tree cover, stress reduction, and gender differences[J]. Landscape & Urban Planning, 2014, 132: 26-36.

[118] LOHR V I, PEARSON-MIMS C H. Responses to scenes with spreading, rounded, and conical tree forms[J]. Environment & Behavior, 2006, 38(5): 667-688.

[119] NORDH H, HARTIG T, HAGERHALL C M. Components of small urban parks that predict the possibility for restoration[J]. Urban Forestry & Urban Greening, 2009, 8(4): 225-235.

[120] NORDH H, ALALOUCH C, HARTIG T. Assessing restorative components of small urban parks using conjoint methodology[J]. Urban Forestry & Urban Greening, 2011, 10(2): 95-103.

[121] NORDH H, HAGERHALL C M, HOLMQVIST K. Tracking restorative components: patterns in eye movements as a consequence of a restorative rating task[J].

Landscape Research, 2013, 38(1): 101–116.

[122] STIGSDOTTER U K, PESCHARDT K K. Evidence for designing health promoting pocket parks[J]. International Journal of Architectural Research, 2014,8(3): 149–164.

[123] 鲁本·M·雷尼. 花园重归美国高科技医疗场所 [J]. 罗曼译. 袁晓梅校. 中国园林 ,2015(1): 6–11.

[124] 杨娟, 张庆林. 特里尔社会应激测试技术的介绍以及相关研究 [J]. 心理科学进展 ,2010(4): 699–704.

[125] BOWLER D E, BUYUNG–ALI L M, KNIGHT T M. A systematic review of evidence for the added benefits to health of exposure to natural environments[J]. BMC Public Health, 2010, 10(1): 1–10.

[126] HARTIG T, BÖÖK A, GARVILL J, et al. Environmental influences on psychological restoration[J]. Scandinavian Journal of Psychology, 1996, 37(4): 378–393.

[127] 苏谦, 辛自强. 恢复性环境研究：理论、方法与进展 [J]. 心理科学进展 ,2010(1): 177–184.

[128] KORPELA K M, YLÉN M, TYRVÄINEN L,et al. Determinants of restorative experiences in everyday favorite places[J]. Health & Place, 2008,14(4): 636–652.

[129] HIETANEN J K, KORPELA K M. Do both negative and positive environmental scenes elicit rapid processing?[J] Environment & Behavior, 2004, 36(4): 558–577.

[130] LAUMANN K, GARLING T, STORMARK K J. Selective attention and heart rate responses to natural and urban environments[J]. Journal of Environmental Psychology, 2003, 23(2): 125–134.

[131] STRIFE S, DOWNEY L. Childhood development and access to nature: a new direction for environmental inequality Research[J]. Organ Environ, 2009, 22(1): 99–122.

[132] LACHOWYCZ K, JONES A P. Greenspace and obesity: a systematic review of the evidence[J]. Obesity Reviews, 2011, 12(5): 183–191.

[133] KACZYNSKI A, POTWARKA L, SMALE B, et al. Association of parkland proximity with neighborhood and park–based physical activity: variations by gender and age[J]. Leisure Sciences, 2009, 31(2): 174–191.

[134] ROEMMICH J N, EPSTEIN L H, RAJA S, et al. Association of access to parks and recreational facilities with the physical activity of young children[J]. Preventive Medicine, 2006(6): 437–441.

[135] JONES A, HILLSDON M, COOMBES E. Greenspace access, use and physical activity: understanding the effects of area deprivation[J]. Preventive Medicine, 2009, 49(6): 500–505.

[136] SUGIYAMA T, LESLIE E, GILES–CORTI B, et al. Associations of neighbourhood greenness with physical and mental health: do walking, social coherence and local social interaction explain the relationships?[J]. Journal of Epidemiology & Community Health, 2008, 62(5): 62–67.

[137] DADVAND P, BARTOLL X, BASAGANA X, et al. Green spaces and General Health: Roles of mental health status, social support, and physical activity[J]. Environment International, 2016, 91: 161.

[138] LOVASI G S, SCHWARTZ-SOICHER O, QUINN J W, et al. Neighborhood safety and green space as predictors of obesity among preschool children from low-income families in New York City[J]. Preventive Medicine, 2013, 57 (3): 189-93.

[139] HYSTAD P, DAVIES H W, FRANK L, et al. Residential greenness and birth outcomes: evaluating the influence of spatially correlated built-environment factors[J]. Environmental Health Perspectives, 2014, 122 (10): 1095.

[140] 杨林生, 李海蓉, 李永华, 等. 医学地理和环境健康研究的主要领域与进展 [J]. 地理科学进展, 2010,29 (1): 31-44.

[141] KEARNS R. Place and health: towards a reformed medical medicine geography[J]. The Professional Geographe, 1993, 45 (2): 139-147.

[142] GESLER W. Lourdes: healing in a place of pilgrimage[J]. Health & Place, 1996,2 (2): 95-105.

[143] GESLER W. Bath's reputation as a healing place[M]. // R Kearns, W Gesler (Eds). Putting Health into Place. New York: Syracuse University Press, 1998.

[144] KLEIBE D A, MANNELL R C, WALKER G J. A social psychology of leisure[M]. State College PA USA , 2011.

[145] GREENO J G. Gibson's affordances[J]. Psychological Review, 1994 (2): 336-342.

[146] HEFT H. Affordances and the perception of landscape: an inquiry into environmental perception and esthetics[M] // WARD THOMPSON C ASPINALL P, BELL S. Innovative approaches to researching landscape and health: open space: people space. New York: Routledge, 2010.

[147] GIBSON J J. The ecological approach to visualperception (Classic Edition)[M]. New York: Psychology Press, 2015.

[148] WARD THOMPSON C, ASPINALL P, Bell S. Innovative approaches to researching landscape and health: open space: people space[M]. New York: Routledge, 2010.

[149] 李树华, 张文秀. 园艺疗法科学研究进展 [J]. 中国园林, 2009 (8): 19-23.

[150] 章俊华, 刘玮. 园艺疗法 [J]. 中国园林, 2009 (7): 19-23.

[151] CZIKSZENTMIHALYI M. Flow: the psychology of optimal experience[M]. Paha: Lidové Noviny, 1990.

[152] STIGSDOTTER U K, GRAHN P. What makes a garden a healing garden?[J]. Journal of Therapeutic Horticulture, 2002 (2): 60-69.

[153] 谭少华, 郭剑锋, 江毅. 人居环境对健康的主动式干预：城市规划学科新趋势 [J]. 城市规划学刊, 2010 (4): 70-74.

[154] 蒋莹. 医疗园林的起源与发展 [D]. 北京：北京林业大学, 2010.

[155] 袁晓梅."俗则屏之,嘉则收之":论中国传统园林的声音美营造智慧 [J]. 中国园林, 2017 (7): 54–59.

[156] 陈易.我国建设生态居住社区的对策 [J]. 同济大学学报,2003 (12): 1410–1414.

[157] 张德顺,王伟霞,刘红权,等.植物园规划创新模式探索 [J]. 风景园林,2016 (12): 113–120.

[158] 郭庭鸿,董靓,张米娜.面向自闭儿童的康复景观及其干预模式研究 [J]. 中国园林,2013 (8): 45–48.

[159] 郭庭鸿,董靓.重建儿童与自然的联系:自然缺失症康复花园研究 [J]. 中国园林,2015 (8): 62–66.

[160] 康宁,李树华,李法红.园林景观对人体心理影响的研究 [J]. 中国园林,2008 (7): 69–72.

[161] 刘博新,黄越,李树华.庭园使用及其对老年人身心健康的影响:以杭州四家养老院为例 [J]. 中国园林,2015 (4): 85–90.

[162] 金荷仙,陈俊愉,金幼菊.南京不同类型梅花品种香气成分的比较研究 [J]. 园艺学报,2005,33 (6);1139.

[163] 金荷仙.梅、桂花文化与花香之物质基础及其对人体健康的影响 [D]. 北京:北京林业大学,2003.

[164] 徐磊青.恢复性环境、健康和绿色城市主义 [J]. 南方建筑,2016 (3): 101–107.

[165] 郭庭鸿,舒波,董靓.自然与健康:自然景观应对压力危机的实证进展及启示 [J]. 中国园林,2018 (5): 52–56.

[166] 陈筝,翟雪倩,叶诗韵,等.恢复性自然环境对城市居民心智健康影响的荟萃分析及规划启示 [J]. 国际城市规划,2016 (4): 16–26.

[167] HITCHINGS R. Studying the preoccupations that prevent people from going into green space[J]. Landscape & Urban Planning, 2013, 118 (5): 98–102.

[168] BELL S L, PHOENIX C, LOVELL R, et al. Green space, health and wellbeing: making space for individual agency[J]. Health & Place, 2014, 30: 287–292.

[169] MAAS J, VERHEIJ R A, DE VRIES S, et al. Morbidity is related to a green living environment[J]. Journal of Epidemiology & Community Health, 2009, 63 (12): 967–973.

[170] SHANAHAN D F, FULLER R A, BUSH R, et al. The health benefits of urban nature: how much do we need?[J]. Bioscience, 2015, 65 (5): 476–485.

[171] CLEARY A, FIELDING K S, BELL S L, et al. Exploring potential mechanisms involved in the relationship between eudaimonic wellbeing and nature connection[J]. Landscape & Urban Planning, 2017 (2): 119–128.

[172] JAMES W. Psychology: the briefer course[M]. NewYork: Holt, 1892.

[173] 赵欢,吴建平.复愈性环境的理论与评估研究 [J]. 中国健康心理学杂志,2010,18 (1): 117–121.

[174] TALBOT J F, KAPLAN R. Judging the sizes of urban open areas: is bigger always better?[J]. Landscape Journal 1986, 5: 83–92.

[175] KAPLAN R, KAPLAN S, RYAN R L. With people in mind: design and management of

everyday nature[M]. Washington, DC: Island Press, 1998.

[176] BAUM A, FLEMING R, SINGER J E. Understanding environmental stress: strategies for conceptual and meth odological integration[J]. Methods and Environmental Psychology, 1985, 5: 185–205.

[177] VAN DEN BERG M M H E, MAAS J, MULLER R. Autonomic nervous system responses to viewing green and built settings: differentiating between sympathetic and parasympathetic activity[J]. International Journal of Environmental Research and Public Health, 2015, 12: 15860–15874.

[178] LANGLEY J N. The autonomic nervous system (Part 1)[M]. Cambridge: W. Heffer, 1921.

[179] 梁宝勇. 对应激的生理反应 [J]. 医学与哲学, 1986 (11): 53–54.

[180] 郭庭鸿, 董靓, 孙钦花. 设计与实证：康复景观的循证设计方法探析 [J]. 风景园林, 2015 (9): 106–112.

[181] WILSON E O. Biophilia[M]. Cambridge, MA: Harvard University Press, 1984.

[182] KELLERT S R, Wilson E O. The biophilia hypothesis[M].Washington DC: Island Press, 1995.

[183] 李树华. 园艺疗法概论 [M]. 北京：中国林业出版社, 2011.

[184] 刘博新, 李树华. 康复景观的亲生物设计探析 [J]. 风景园林, 2015 (5): 123–128.

[185] HILDERBRAND G. Biophilic architectural space[M] // KELLERT S R, HEERWAGEN J H, HOBOKEN MLM. Biophilic design, the theory, science, and practice of bringing buildings to life. NJ: Wiley. 2008: 263–275.

[186] 朱竑, 刘博. 地方感、地方依恋与地方认同等概念的辨析及研究启示 [J]. 华南师范大学学报 ( 自然科学版 ), 2011 (1): 1–8.

[187] ARNBERGER A, EDER R. The influence of green space on community attachment of urban and suburban residents[J]. Urban Forestry & Urban Greening, 2012, 11 (1): 41–49.

[188] CASAKIN H P, KREITLER S. Place attachment as a function of meaning assignment[J]. Open Environmental Journal, 2008, 2 (1): 80–87.

[189] SCANNELL L. The bases of bonding: the psychological functions of place attachment in comparison to interpersonal attachment[D]. New Zealand: University of Victoria, 2013.

[190] LENNON M, DOUGLAS O, SCOTT M. Urban green space for health and well-being: developing an 'affordances' framework for planning and design[J]. Journal of Urban Design, 2017 (6): 778–795.

[191] HEGETSCHWEILER K T, DE – VRIES S, ARNBERGER A, et al. Linking demand and supply factors in identifying cultural ecosystem services of urban green infrastructures: a review of European studies[J]. Urban Forestry & Urban Greening,

2017, 21: 48–59.

[192] WHITELAW S. The emergence of a "dose‑response" analogy in the health improvement domain of public health: A critical review[J]. Critical Public Health, 2012, 22: 427–440.

[193] GÓMEZ‑BAGGETHUN E, DE‑GROOT R, LOMAS P L, et al. The history of ecosystem services in economic theory and practice: from early notions to markets and payment schemes[J]. Ecological Economics, 2010, 69: 1209–1218

[194] 毛齐正, 黄甘霖, 邬建国. 城市生态系统服务研究综述 [J]. 应用生态学报, 2015, 26 (4): 1023–1033.

[195] 赵士洞, 张永民. 生态系统与人类福祉: 千年生态系统评估的成就、贡献和展望 [J]. 地球科学进展, 2006, 21 (9): 895–902.

[196] 傅伯杰, 于丹丹, 吕楠. 中国生物多样性与生态系统服务评估指标体系 [J]. 生态学报, 2017, 37 (2): 341–348.

[197] 刘滨谊, 张德顺, 刘晖, 等. 城市绿色基础设施的研究与实践 [J]. 中国园林, 2013 (3): 6–10.

[198] 董连耕, 朱文博, 高阳, 等. 生态系统文化服务研究进展 [J]. 北京大学学报 ( 自然科学版 ), 2014, 50 (6): 1155–1162.

[199] DE‑GROOT R S, ALKEMADE R, BRAAT L, et al. Challenges in integrating the concept of ecosystem services and values in landscape planning, management and decision making[J]. Ecological Complexity, 2010, 7 (3): 260–272.

[200] 于丹丹, 吕楠, 傅伯杰. 生物多样性与生态系统服务评估指标与方法 [J]. 生态学报, 2017, 37 (2): 349–357.

[201] DICKINSON D C, HOBBS R J. Cultural ecosystem services: characteristics, challenges and lessons for urban green space research[J]. Ecosystem Services, 2017, 25: 179–194.

[202] CLARK N E, LOVELL R, WHEELER B W, et al. Biodiversity, cultural pathways, and human health: a framework[J]. Trends in Ecology & Evolution, 2014, 29 (4): 198–204.

[203] WU J G Landscape sustainability science: ecosystem services and human well‑being in changing landscapes[J]. Landscape Ecology, 2013, 28: 999–1023.

[204] DONOVAN G H. Including public‑health benefits of trees in urban‑forestry decision making[J]. Urban Forestry & Urban Greening, 2017, 22: 120–123.

[205] NIEUWENHUIJSEN M J, KHREIS H, TRIGUERO‑MAS M, et al. Fifty shades of green pathway to healthy urban living[J]. Epidemiology, 2017, 28 (1): 63–71.

[206] HANSKI I, VON H L, FYHRQUIST N. Environmental biodiversity, human microbiota, and allergy are interrelated[J]. Proceedings of the National Academy of Sciences of the United States of America, 2012, 109 (21): 8334–8342.

[207] MOORE M N. Do airborne biogenic chemicals interact with the Pi3K/Akt/mtOR cell signalling pathway to benefit human health and wellbeing in rural and coastal environments?[J]. Environmental Research, 2015, 140: 65–75.

[208] KUO M. How might contact with nature promote human health? Promising mechanisms and a possible central pathway[J]. Frontiers in Psychology, 2015 (6): 1093–1100.

[209] 温忠麟, 侯杰泰, 张雷. 调节效应与中介效应的比较和应用 [J]. 心理学报, 2005, 37 (2): 268–274.

[210] DE-VRIES S, VERHEIJ R A, GROENEWEGEN P P, et al. Natural environments-healthy environments? An exploratory analysis of the relationship between greenspace and health[J]. Environment & Planning A, 2003, 35 (10): 1717–1731.

[211] HAN K T. The effect of nature and physical activity on emotions and attention while engaging in green exercise[J]. Urban Forestry & Urban Greening, 2017, 24: 5–13.

[212] FAN Y, DAS K V, CHEN Q. Neighborhood green, social support, physical activity, and stress: assessing the cumulative impact[J]. Health & Place, 2011, 17 (6): 1202–1211.

[213] KUO F E, SULLIVAN W C, COLEY R L, et al. Fertile ground for community: inner-city neighborhood common spaces[J]. American Journal of Community Psychology, 1998 (6): 823–851.

[214] MAAS J, VAN DILLEN S M, VERHEIJ R A, et al. Social contacts as a possible mechanism behind the relation between green space and health[J]. Health & Place, 2009, 15 (2): 586–595.

[215] FRANCIS J, WOOD L J. Quality or quantity? Exploring the relationship between public open space attributes and mental health in Perth, Western Australia[J]. Social Science & Medicine, 2012, 74 (10): 1570–1577.

[216] MARKEVYCH I, SCHOIERER J, HARTIG T, et al. Exploring pathways linking greenspace to health: theoretical and methodological guidance[J]. Environmental research, 2017, 158: 301–317.

[217] POTWARKA L, KACZYNSKI A, FLACK A. Places to play: association of park space and facilities with healthy weight status among children[J]. Journal of Community Health, 2008, 33: 344–350.

[218] SCHIPPERIJN J, STIGSDOTTER U K, RANDRUP T B, et al. Influences on the use of urban green: a case study in Odense, Denmark[J]. Urban Forestry & Urban Greening, 2010, 9 (1): 25–32.

[219] SALLIS J, OWEN N, FISHER E. Ecological models of health behavior[M] // GLANZ K, LFM, RIMER B K. Health behavior and health education (theory, research and practice) .4th edition. San Francisco: Jossey-Bass, 2008: 465–485.

[220] 何玲玲, 王肖柳, 林琳. 中国城市学龄儿童体力活动影响因素：基于社会生态学模型的

综述 [J]. 国际城市规划 ,2016,31 (4): 10-15.

[221] LIN B B, FULLER R A, BUSH R, et al. Opportunity or orientation? Who uses urban parks and why[J]. Plos One, 2014, 9 (1): 1-8.

[222] KESSEL A, GREEN J, PINDER R, et al. Multidisciplinary research in public health: a case study of research on access to green space[J]. Public Health, 2009, 123: 32-38.

[223] COCHRANE T, DAVEY R C, GIDLOW C, et al. Small area and individual level predictors of physical activity in urban communities: a multi-level study in Stoke on Trent, England[J]. International Journal of Environmental Research and Public Health, 2009, 6 (2): 654-677.

[224] GILES-CORTI B, KING A C. Creating active environments across the life course: "Thinking outside the square" [J]. British Journal of Sports Medicine, 2009, 43 (2): 109-113.

[225] STAFFORD M, CUMMINS S, MACINTYRE S, et al. Gender differences in the associations between health and neighbourhood environment[J]. Social Science & Medicine, 2005, 60 (8): 1681-1692.

[226] EPSTEIN L H, RAJA S, GOLD S S, et al. Reducing sedentary behavior: the relationship between park area and the physical activity of youth[J]. Psychological Science, 2006, 17 (8): 654-659.

[227] LEE J H, SCOTT D, FLOYD M F. Structural inequalities in outdoor recreation participation: A multiple hierarchy stratification perspective[J]. Journal of Leisure Research, 2001, 33 (4), 427-449.

[228] HUSTON S L, EVENSON K R, BORS P, et al. Neighborhood environment, access to places for activity, and leisure-time physical activity in a diverse North Carolina population[J]. American Journal of Health Promotion, 2003, 18 (1): 58-69.

[229] KERR J, FRANK L, SALLIS J F, et al. Urban form correlates of pedestrian travel in youth: Differences by gender, race-ethnicity and household attributes[J]. Transportation Research Part D: Transport and Environment, 2007, 12 (3): 177-182.

[230] MITCHELL R, POPHAM F. Effect of exposure to natural environment on health inequalities: an observational population study[J]. The Lancet, 2008, 372 (9650): 1655-1660.

[231] CUTT H, GILES-CORTI B, KNUIMAN M, et al. Dog ownership, health and physical activity: a critical review of literature[J]. Health & Place, 2007, 13: 261-272.

[232] DAVISON K K, LAWSON C T. Do attributes in the physical environment influence children's physical activity? A review of the literature[J]. International Journal of Behavioral Nutrition and Physical Activity, 2006, 3 (1): 19.

[233] MCCORMACK G R, ROCK M, TOOHEY A M. Characteristics of urban parks

associated with park use and physical activity: a review of qualitative research[J]. Health & Place, 2010(4): 712–726.

[234] FULLER R A, IRVINE K N, DEVINE-WRIGHT P, .et al. Psychological benefits of greenspace increase with biodiversity[J]. Biology Letters, 2007, 3(3): 390–394.

[235] BEDIMO-RUNG A L, MOWEN A J, COHEN D A. The significance of parks to physical activity and public health. A conceptual model[J]. American Journal of Preventive Medicine, 2005(2S2): 159–168.

[236] 张利燕. 心理学研究的生态学倾向 [J]. 心理学动态, 1990(1): 16–19.

[237] ASTELL-BURT T, MITCHELL R, HARTIG T. The association between green space and mental health varies across the lifecourse: a longitudinal study[J]. Journal of Epidemiology & Community Health, 68(6): 578–583.

[238] 谭少华, 彭慧蕴. 袖珍公园缓解人群精神压力的影响因子研究 [J]. 中国园林, 2016 (8): 65–70.

[239] 成都市人民政府. 成都市城市总体规划（2011—2020）[Z].2011.

[240] 舒波. 成都平原的农业景观研究 [D]. 成都: 西南交通大学, 2011.

[241] 杨俊. 基于 GIS 的成都市主城区公园绿地可达性分析 [D]. 成都: 四川农业大学, 2016.

[242] 中国城市规划设计研究院, 成都市规划设计研究院. 成都市城市总体规划（专题汇报）[R].2017.

[243] 蔡云楠, 温钊鹏, 雷明洋. 高密度城市绿色开敞空间的建设误区和优化策略 [J]. 中国园林, 2016(12): 76–80.

[244] 成都市公共设施配套建设领导小组办公室. 成都市公共设施配套绿地建设管理细则 [Z]. 2013.

[245] PESCHARDT K K, STIGSDOTTER U K, SCHIPPERIJN J. Identifying features of pocket parks that may be related to health promoting use[J]. Landscape Research, 2013, 41(1): 79–94.

[246] 戴菲, 章俊华. 规划设计学中的调查方法 1: 问卷调查法（理论篇）[J]. 中国园林, 2008(10): 82–87.

[247] 戴菲, 章俊华, 王东宇. 规划设计学中的调查方法 1: 问卷调查法（案例篇）[J]. 中国园林, 2008(11): 77–81.

[248] 陈筝, 董楠楠, 刘颂, 等. 上海城市公园使用对健康影响研究 [J]. 风景园林, 2017(9): 99–105.

[249] 刘畅, 李树华, 陈松雨. 多因素影响下的大学校园绿地访问行为对情绪的调节作用研究: 以北京市三所大学为例 [J]. 风景园林, 2018(3): 46–52.

[250] 薛薇.SPSS 统计分析方法及应用 [M]. 第 3 版. 北京: 电子工业出版社, 2013.

[251] 王济川, 郭志刚.Logistic 回归模型: 方法与应用 [M]. 北京: 北京高等教育出版社, 2001.

[252] 李芬, 孙然好, 陈利顶. 北京城市公园湿地休憩功能的利用及其社会人口学因素 [J]. 生态学报, 2012(11): 3565–3576.

[253] 张建新,张妙清,梁觉.大六人格因素的临床价值——中国人人格测量表 (CPAI),大五人格问卷 (NEOPI) MMPI-2 临床量表的关系模式 [C]// 中国心理卫生协会第四届学术大会论文汇编 ,2003.

[254] OTHMAN N, MOHAMED N. Landscape visual studies in urban setting and its relationship in motivational theory[J]. Procedia Social and Behavioral Sciences, 2015, 170: 442-451.

[255] 王晓红 . 旅游行为与压力转移整合模型研究 [D]. 成都：西南财经大学 ,2009.

[256] CHIESURA A. The role of urban parks for the sustainable city[J]. Landscape and Urban Planning, 2004, 68 (1): 129-138.

[257] YUEN B. Use and experience of neighborhood parks in Singapore[J]. Journal of Leisure Research, 1996, 28 (4): 293-311.

[258] SHAN X Z. Socio-demographic variation in motives for visiting urban green spaces in a large Chinese city[J]. Habitat International, 2014, 41 (1): 114-120.

[259] IRVINE K N, WARBER S L. Understanding urban green space as a health resource: a qualitative comparison of visit motivation and derived effects among park users in Sheffield, UK[J]. International Journal of Environmental Research and Public Health, 2013, 10: 417-442.

[260] NORDH H, ØSTBY K. Pocket parks for people: a study of park design and use[J]. Urban Forestry & Urban Greening, 2013, 12 (1): 12-17.

[261] MAAT K, DE VRIES P. The influence of the residential environment on greenspace travel: testing the compensation hypothesis[J]. Environment and Planning A, 2006, 38: 2111-2127.

[262] 江海燕 ,周春山 . 国外城市公园绿地的社会分异研究 [J]. 城市问题 ,2010(4): 84-88.

[263] SMITH G D, BLANE D, BARTLEY M. Explanations for socio-economic differentials in mortality: Evidence from Britain and elsewhere[J]. The European Journal of Public Health, 1994, 4 (2): 131-144.

[264] 王甫勤 . 健康不平等：社会分层研究新视角 [N]. 中国社会科学报 ,2012-07-27 (B03).

[265] 成都市人民政府 . 实施"成都增绿十条"推进全域增绿工作方案 [R].2017.

[266] 成都市城乡建设委员会 ,成都市林业和园林管理局 . 成都市中心城区小游园、微绿地规划建设设计技术导则（试行）[S].2017.

[267] GILLHAM B. Case study research methods[M]. London: Continuum, 2000.

[268] SAELENS B E, FRANK L D, AUFFREY C, et al. Measuring physical environments of parks and playgrounds: EAPRS instrument development and inter-rater reliability[J]. Journal of Physical Activity and Health, 2006, 3 (S1): 190-207.

[269] KACZYNSKI A T, POTWARKA L R, SAELENS B E. Association of park size, distance and features with physical activity in neighborhood parks[J]. American Journal of Public Health, 2008 (8): 1451-1456.

[270] SCHIPPERIJN J, BENTSEN P, TROELSEN J, et al. Associations between physical activity and characteristics of urban green space[J]. Urban Forestry & Urban Greening, 2013, 12: 109–116.

[271] 陈菲, 林建群, 朱逊. 基于公共空间环境评价法 (EAPRS) 和邻里绿色空间测量工具 (NGST) 的寒地城市老年人对景观活力的评价 [J]. 中国园林, 2015 (8): 100–104.

[272] ADINOLFI C, SUÁREZ-CÁCERES G P, CARIÑANOS P. Relation between visitors' behaviour and characteristics of green spaces in the city of Granada, south-eastern Spain[J]. Urban Forestry & Urban Greening, 2014, 13 (3): 534–542.

[273] BERGGREN-BÄRRING A M, GRAHN P. The significance of the green structure for people's use[R]. 1995.

[274] 刘颂, 章舒雯. 风景园林学中常用的数学分析方法概览 [J]. 风景园林, 2014 (2): 137–142.

[275] APPLETON J. The experience of landscape[M]. London: Wiley, 1975.

[276] 王会方. 阿普拉顿景观美学理论研究 [D]. 郑州: 郑州大学, 2011.

[277] STIGSDOTTER U K, EKHOLM O, SCHIPPERIJN J, et al. Health promoting outdoor environments: associations between green space, and health, health-related quality of life and stress based on a Danish national representative survey[J]. Scandinavian Journal of Public Health, 2010, 38 (4): 411–418.

[278] SULLIVAN W C, KUO F E, DEPOOTER S F. The fruit of urban nature[J]. Environment & Behavior, 2004, 36: 678–700.

[279] 褚冬竹, 马可, 魏书祥. "行为 – 空间 / 时间" 研究动态探略: 兼议城市设计精细化趋向 [J]. 新建筑, 2016 (3): 92–98.

[280] HADAVI S, KAPLAN R, HUNTER M C R. Environmental affordances: a practical approach for design of nearby outdoor settings in urban residential areas[J]. Landscape & Urban Planning, 2015, 134: 19–32.

[281] 齐君, 董玉萍, 提姆·汤森. 可供性理论在西方环境规划设计中的应用与发展 [J] 国际城市规划, 2019, 34 (6): 100–107, 114.

[282] 马雪梅, 宋天明, 王义. 可供性理论视角下的外部空间设计研究 [J]. 中国园林, 2018, 34 (10): 93–97.

[283] 罗玲玲, 王义, 王晓航. 设计理论引入可供性概念的研究进路评析 [J]. 自然辩证法研究, 2015 (7): 48–52.

[284] 齐君, 罗咏菊, 肖玘欣. 基于环境可供性的骑行风景道规划设计研究: 以昆明滇池骑行线路为例. 中国园林, 2021, 37 (2): 66–70.

[285] QI J, TANG X Q, LUO Y J. Affordances of scenic cycleways: how recreational cyclists interact with different environments[J]. Urban Forestry & Urban Greening, 2021, 64.

[286] 金晓雯. 生态知觉理论在景观设计中的应用 [J]. 南京林业大学学报 ( 人文社会科学版 ), 2010 (4): 106–109.

[287] 胡正凡，林玉莲．环境心理学 [M]．第 2 版．北京：中国建筑工业出版社 ,2012.

[288] CHEMERO A. An outline of a theory of affordances[J]. Ecological Psychology, 2003, 15 (2): 181–195.

[289] 贾培义．大数据时代的风景园林学 [J]．风景园林 ,2013 (5): 150.

[290] 张文英，巫盈盈，肖大威．设计结合医疗：医疗花园和康复景观 [J]．中国园林 ,2009 (8): 7–11.

[291] 吕志鹏，朱雪梅．循证设计的理论研究与实践 [J]．中国医院建筑与装备 ,2012 (10): 25–29.

[292] 朱黎青，高翅．从风景园林评论到循证设计 [J]．中国园林 ,2016 (11): 50–54.

[293] 王一平．为绿色建筑的循证设计研究 [D]．武汉：华中科技大学 ,2012.

[294] 刘博新．面向中国老年人的康复景观循证设计研究 [D]．北京：清华大学 ,2015.

[295] SACKETT D L, ROSENBERG W M C, GRAY J A M, et al. Evidence based medicine: what it is and what it isn't [J]. British Medical Journal, 1996, 312: 71– 72.

[296] 杨文登，叶浩生．社会科学的三次"科学化"浪潮：从实证研究，社会技术到循证实践 [J]．社会科学 ,2012 (8): 107–116.

[297] BROWN R D, CORRY R C. Evidence-based landscape architecture: the maturing of a profession[J]. Landscape & Urban Planning, 2011, 100 (4): 327–329.

[298] 王吉耀．循证医学与临床实践 [M]．第 2 版．北京：科学出版社 ,2006.

[299] HAMILTON D K. Hypothesis and measurement: essential steps for evidence-based design[J]. Healthcare Design. 2004, 4 (1): 43–46.

[300] 汉密尔顿，沃特金斯．循证设计：各类建筑之基于证据的设计 [M]．北京：中国建筑工业出版社 ,2017.

[301] ATKINS D, BEST D, BRISS P A, et al. Grading quality of evidence and strength of recommendations[J]. BMJ, 2004, 328 (7454): 1490.

[302] 曾宪涛，冷卫东，李胜，等．如何正确理解及使用 GRADE 系统 [J]．中国循证医学杂志 2011,11 (9): 985–990.

[303] 郭庭鸿，舒波．基于证据分级视角的康复景观国内研究分析 [C]//2016 中国园艺疗法研究与实践论文集．北京：中国林业出版社 ,2017.

[304] 李幼平，王莉，文进．注重证据，循证决策 [J]．中国循证医学杂志 ,2008,8 (1): 1–3.

[305] Huisman F R C M, Morales E, Hoof V J, et al. Healing environment: a review of the impact of physical environmental factors on users[J]. Building & Environment, 2012 (58): 70–80.

[306] 刘鸣，李幼平．Cochrane 图书馆 (The Cochrane Library) 简介 [J]．中国胸心血管外科临床杂志 ,1998 (2): 17.

[307] 朱小雷．作为科学化设计研究范式的建成环境主观评价 [J]．四川建筑科学研究 ,2008 (12): 207–210.

[308] 罗玲玲，陆伟．POE 研究的国际趋势与引入中国的现实思考 [J]．建筑学报 ,2004 (8): 82–83.

图书在版编目（CIP）数据

从公园绿地到公共健康：基于小微公园绿地的关联
路径研究 / 郭庭鸿，蔡贤云著 . —北京：中国建筑工
业出版社，2022.8
ISBN 978-7-112-27753-7

Ⅰ.①从… Ⅱ.①郭… ②蔡… Ⅲ.①城市公园—城
市绿地—研究 Ⅳ.① K731.2

中国版本图书馆CIP数据核字（2022）第146894号

责任编辑：李成成
责任校对：李美娜

数字资源使用说明：

本书提供以下图片的彩色版：图 1-1、图 1-3、图 1-4、图 1-5、图 4-3、图 4-4、图 5-1、
图 5-5，读者可使用手机 / 平板电脑扫描右侧二维码后免费阅读。

操作说明：扫描授权进入"书刊详情"页面，在"应用资源"下点击任一图号（如图 1-1），进入"课
件详情"页面，内有以下图片的图号。点击相应图号后，点击右上角红色"立即阅读"即可阅读该
图片彩色版。

若有问题，请联系客服电话：4008-188-688。

从公园绿地到公共健康
——基于小微公园绿地的关联路径研究
郭庭鸿　蔡贤云　著
＊
中国建筑工业出版社出版、发行（北京海淀三里河路 9 号）
各地新华书店、建筑书店经销
北京海视强森文化传媒有限公司制版
北京建筑工业印刷厂印刷
＊
开本：787 毫米 ×1092 毫米　1/16　印张：11½　字数：228 千字
2022 年 8 月第一版　2022 年 8 月第一次印刷
定价：**59.00** 元（赠数字资源）
**ISBN 978-7-112-27753-7**
（39735）